农业机械制造学徒岗位手册

田多林　张双侠　主编

U0259665

中国农业大学出版社
·北京·

内 容 简 介

　　该教材具有基础性、综合性、实践性的特征，全书共分为三部分，第一部分为步入企业；第二部分为认识岗位；第三部分基于农业机械制造企业的典型生产案例设计学徒工作学习任务，共设计四个学徒工作学习任务：农机具金属板材的加工、农机具焊接技术技巧及工艺方法、农机具零件普通机床加工和农机具零件数控机床加工。教学项目真实、设计完整，符合学生思维习惯和学习顺序，有利于培养学生对农业机械制造整体内容的认知和把握，引导职业理念，帮助学生树立职业目标，熟悉工作内容，提升就业和任职能力。

图书在版编目（CIP）数据

农业机械制造学徒岗位手册 / 田多林，张双侠主编 . ‑ ‑北京：中国农业大学出版社，2021.10

ISBN 978‑7‑5655‑2628‑2

Ⅰ.①农…　Ⅱ.①田…　②张…　Ⅲ.①农业机械—机械制造工艺　Ⅳ.①S220.6

中国版本图书馆 CIP 数据核字（2021）第 208243 号

书　　名	农业机械制造学徒岗位手册		
作　　者	田多林　张双侠　主编		
策划编辑	张　玉	**责任编辑**	张　玉　贺晓丽
封面设计	郑　川		
出版发行	中国农业大学出版社		
社　　址	北京市海淀区圆明园西路 2 号	**邮政编码**	100193
电　　话	发行部 010‑62733489，1190	**读者服务部**	010‑62732336
	编辑部 010‑62732617，2618	**出　版　部**	010‑62733440
网　　址	http://www.caupress.cn	**E‑mail**	cbsszs@cau.edu.cn
经　　销	新华书店		
印　　刷	涿州市星河印刷有限公司		
版　　次	2021 年 11 月第 1 版　2021 年 11 月第 1 次印刷		
规　　格	180 mm×255 mm　16 开本　14 印张　295 千字		
定　　价	42.00 元		

图书如有质量问题本社发行部负责调换

编 写 人 员

主　编　田多林　张双侠

副主编　陈建东　赵红梅　王杰华　侯海瑶

参　编　张　唯　韩　华　靳　范　张绍军　赵沙沙

　　　　刘新军　刘爱玲　于海丽　陈　魁　王　静

　　　　谢少华　宋广龙　赵　瑛

前　言

　　《农业机械制造学徒岗位手册》具有基础性、综合性、实践性的特征，根据农业装备应用技术专业的核心职业活动，结合区域内具有代表性的农机制造企业的典型生产案例设计学徒工作任务。学生以学习者和企业员工两种身份承担具体岗位工作，边工作边学习，在师傅指导下完成具体项目开发、产品设计、产品制作、生产任务和岗位业务等工作，掌握岗位职业知识，培养职业能力与素质，并通过知识能力和技术技能的认证。本书以企业工作环境与生产组织为基础，融入企业管理文化、企业管理流程与制度规范，重点开展学徒职业素质与工匠精神培养、岗位专业理论知识学习，提升岗位实践操作与问题解决能力、创新发展与知识迁移能力、企业环境人际关系处理能力等，满足学徒通过岗位工作培养综合职业能力的要求。本书在编写过程中，广泛听取了同类学校专业教师和企业生产一线工程技术人员的意见，增强了教材的实用性。

　　农业机械制造学徒岗位是农业装备应用技术专业的核心岗位，旨在培养农业装备应用技术专业需要的高等技术应用型人才，培养学生具备农业机械制造能力，具有职业关键技术能力和职业道德，提升学生的综合职业能力。

　　本教材由新疆农业职业技术学院田多林、张双侠担任主编，新疆农业职业技术学院陈建东、赵红梅、王杰华以及新疆呼图壁中等职业技术学院侯海瑶担任副主编，参加编写的还有新疆机械研究院股份有限公司的韩华、靳范，新疆石河子职业技术学院张唯，新疆农业职业技术学院的张绍军、赵沙沙、刘新军、刘爱玲、于海丽、陈魁、王静、谢少华、宋广龙、赵瑛。在本书编写过程中得到了新疆机械研究院股份有限公司和新疆光正钢构股份有限公司等企业领导和技术人员的大力支持，在此一并致以诚挚的谢意。

　　由于编者水平有限，书中内容难免有错误或不当之处，恳请广大读者批评指正。

编　者

2021 年 2 月

目　录

55 | 第三部分
学徒工作学习任务

第一部分

步入企业

入职培训专题 1
我国农业机械发展机遇与挑战

第一节　我国农业机械化发展历史与成就

一、我国农业机械化发展历程

农业机械是指在农业生产、处理过程中应用的各种机械。农业机械化是指运用先进适用的农业机械装备农业，改善农业生产经营条件，不断提高农业的生产技术水平、经济效益和生态效益的过程。充分运用和发展农业机械装备，可以更好地挖掘气候、土壤和生物潜能，并为动植物的生产提供更加适宜且可控制的生长环境，在有限的土地上通过较少的劳动力来获取高产量、高品质、高效益的农产品。

原始社会的简易农具标志着我国农业机械的起源，在《齐民要术》《耒耜经》等古籍中都有所记载。耒耜是一种早期的耕地工具，在我国新石器时代出现。随着古代农业的发展，春秋战国时期，铁、木制农具已经在农业的耕种、收获、生产与加工的各个方面广泛应用。一些原始社会农具的基本原理至今仍在部分农业机械中应用。

新中国成立后，农业机械化战胜各种困难挫折，探索前进，开拓创新，取得了多方面的成就和历史性的进步，实现了由初级发展阶段向中级发展阶段的跨越，为提高我国农业综合生产能力，解放和发展农村生产力，促进农业稳定发展、农民持续增收和我国经济社会持续健康发展做出了重要贡献。我国农业机械化发展大体经历了5个阶段：

（一）1949—1980 年，创建起步阶段

中央提出了明确的农业机械化发展目标和相应的指导方针、政策。国家在有条件

的社、队成立农机站并进行投资,支持群众性农具改革运动,增加对农机科研教育、鉴定推广、维修供应等系统的投入,基本形成了遍布城乡的比较健全的支持保障体系。我国农机工业从制造新式农机具起步,从无到有逐步发展,先后建立了包括中国一拖集团有限公司、天津拖拉机制造有限公司、常州拖拉机厂等一批大中型企业,奠定了我国农机工业的基础。

(二) 1981—1995 年, 体制转换阶段

农村实行家庭联产承包责任制后,集体农机站逐步解散,国家对农业机械化和农机工业的直接投入逐渐减少,农机平价柴油供应等优惠政策逐步取消,曾经出现了"包产到户,农机无路"的尴尬现象。1983 年,国家开始允许农民自主购买和经营农机,农民逐步成为投资和经营农业机械的主体。为适应农业生产组织方式的重大变革,农机工业开始第一轮大规模结构调整,重点生产了适合当时农村小规模经营的小型农机具、手扶拖拉机、农副产品加工机械、农用运输车等。而大中型拖拉机和配套农具保有量停滞不前,机具配套比例失调,田间机械利用率低,农田作业机械化水平提高缓慢。

(三) 1996—2003 年, 市场引导阶段

20 世纪 90 年代中期以来,农村劳动力开始出现大量转移趋势,农村季节性劳力短缺的趋势逐步显现。1996 年,国家有关部委开始组织大规模小麦跨区机收服务,联合收割机利用率和经营效益大幅度提高,探索出了解决小农户生产与农机规模化作业之间矛盾的有效途径,中国特色农业机械化发展道路初步形成。农机工业开始了新一轮的产品结构调整,高效率的大中型农机具开始恢复性增长,小型农机具的增幅放缓,联合收割机异军突起,一度成为农机工业发展的支柱产业。

(四) 2004—2017 年, 依法促进阶段

2004 年颁布实施了《中华人民共和国农业机械化促进法》,2004—2009 年的中央一号文件和十七届三中全会都明确提出了加快推进农业机械化的要求和措施。购机补贴政策对农业机械化发展和农机工业拉动效应显著,促进了我国农机装备总量持续快速增长、装备结构不断优化、农机社会化服务深入发展,农机工业产品结构进一步优化,向技术含量高、综合性能强的大型化方向发展。一批具有地域特色的产业集群初具雏形,产业集中度进一步提高。2007 年,我国耕种收综合机械化水平超过 40%,农业劳动力占全社会从业人员比重已降至 38%。这标志着我国农业机械化发展由初级阶段跨入了中级阶段,农业生产方式发生重大变革,机械化生产方式已基本占据主导地位。

(五) 2018 年以后, 转型升级阶段

2018 年 12 月 29 日,国务院发布《国务院关于加快推进农业机械化和农机装备产业转型升级的指导意见》,指出农业机械化和农机装备是转变农业发展方式、提高农村生产力的重要基础。要以习近平新时代中国特色社会主义思想为指导，全面贯彻党的十九大和十九届二中、三中全会精神，以服务乡村振兴战略、满足亿万农民对机械化生产的需要为目标，以农机农艺融合、机械化信息化融合、农机服务模式与农业适度规模经营相适应、机械化生产与农田建设相适应为路径，以科技创新、机制创新、政策创新为动力，补短板、强弱项、促协调，推动农机装备产业向高质量发展转型，推动农业机械化向全程全面高质高效升级。同时提出，力争到2025年，农机装备品类基本齐全，产品质量可靠性达到国际先进水平。全国农机总动力稳定在11亿kW左右。全国农作物耕种收综合机械化率达到75%，粮棉油糖主产县（市、区）基本实现农业机械化，丘陵山区县（市、区）农作物耕种收综合机械化率达到55%，设施农业、畜牧养殖、水产养殖和农产品初加工机械化率总体达到50%左右。

近年来，我国农业机械化发展成就巨大，但与发达国家相比仍有不小差距，发展不平衡、不充分，总量不足、结构不优与质量不高并存。进入新时期，实施乡村振兴战略需要农业机械化向更宽领域、更高水平发展，农业机械化发展环境和需求结构深刻变化，必须适应新形势新要求，加强顶层设计，加大推进力度，推动农业机械化转型升级，为实施乡村振兴战略、推进农业农村现代化提供有力支撑。

二、我国农业机械化的发展成就

（一）农业机械化水平显著提高，为增强农业综合生产能力提供了坚实的物质基础

新中国成立之初，我国农业机械总动力仅有8.01万kW，农用拖拉机仅配备不足两百台，农用载重汽车、联合收割机等大型机械的数量更低，基本上是零。农业机械化水平极低，完全统计所得的结果是不到1%。

新中国成立以来，经过全国人民的不懈努力，我国制造业能力与水平得到前所未有的发展，农业机械的当前保有量大大增加，较新中国成立初期，增加了不止千倍，一些使用较多的农用机械数量增加了万倍。采用农业机械化作业的领域不仅包括粮食生产，还在向各种经济作物延伸。农业生产得益于机械化的普及，衍生出了农产品加工业、副业、养殖水产业等。耕作模式也从简单粗放的大田农业向运作起来效率高、管理起来方便的设施农业转变，不但关注生产过程，更重视对产前＋产后链条产业的发展。小麦、大豆、水稻等传统粮食作物的生产都实现了高水平的机械化，尤以小麦生产情况最佳，基本实现了全程机械化。

（二）农业机械化科技创新能力和农机制造能力不断增强，为农业机械化发展提供了技术装备保障

新中国成立以来，特别是改革开放以来，国家积极推动农业机械化科技创新，通过农具改革，实施国家科技攻关、国家科技支撑计划、农业科技跨越计划、引进国际先进农业技术（948）项目等，加大了农业机械装备关键技术和装备的研制开发和扶持

力度，推动了农业机械化部分"瓶颈"环节技术和技术集成问题的解决。水稻种植和收获两个关键环节的机械化生产技术和装备研发取得突破，玉米收获机械化技术日臻成熟，油菜、牧草、甘蔗收获、移动式节水灌溉、复式农田作业机具以及保护性耕作技术的创新研究取得重大进展。农机产品的适用性、安全性、可靠性进一步增强。农机工业通过转换经营机制，深化企业改革，把我国从世界农机生产弱国发展成为农机生产大国，支撑了我国农业机械化的迅速发展。

目前，我国规模以上农机企业 2 500 多家，主营业务收入 4 500 亿元，能够生产 14 大类 50 个小类 4 000 多种产品，进出口总额近 400 亿美元，其中出口 270 亿美元，成为世界农机生产大国。全国农机总动力近 10 亿 kW，种植业亩均动力 0.41 kW，超过美、日、韩等国。农机拥有量 1.9 亿台套，产值近万亿元。

（三）农机社会化服务组织不断发展壮大，成为发展现代农业和建设社会主义新农村的有生力量

改革开放以来，农机大户、农机专业合作社、农机专业协会、股份（合作）制农机作业公司等新型农机社会化服务组织不断涌现，经营效益稳步提高。农机社会化服务领域进一步拓展，呈现出组织形式多样化、服务方式市场化、服务内容专业化、投资主体多元化的显著特征。农机作业的订单服务、租赁服务、承包服务和跨区作业、集团承包等服务方式，满足了农业生产和农民的迫切需要，农机跨区作业的服务半径进一步外延，规模进一步扩大，作业收入稳步增长。

农业机械朝着市场化、社会化发展，起源于 20 世纪 90 年代的跨区域小麦机械化收割，将联合收割机在每年的使用时间从 7～10 d 延长至一个多月。如此，小麦收割效率明显上升，联合收割机的使用率也显著增加。该措施使很多农户的小麦得以采用机械收割，农业机械整体应用的经济效益也由此体现出来。另外，现役联合收割机的数量也由此大幅度上升。这一举措也带动了其他农业产业的作业模式向集中的机械化生产迈进。从那时开始，各地农业机械作业协会、合作社和作业公司如雨后春笋般大量出现。

目前，全国农机户及服务组织 4249 万个，其中农机合作社 7 万个。乡村农机从业人员超过 5000 万人。机耕、机播、机收、机械植保和机电灌溉作业面积合计超过63亿亩，农机化服务总收入 5400 亿元，成为农机使用大国。全国农作物耕种收综合机械化率超过 67％，其中主要粮食作物耕种收综合机械化率超过 80％。

（四）农业机械化法律法规及扶持政策体系基本建立，为农业机械化创造了良好的发展环境

2004 年 11 月 1 日，《中华人民共和国农业机械化促进法》正式实施，这是我国第一部关于农业机械化的法律，从科研开发、生产流通、质量保障、推广使用、社会化服务等方面制定了促进农业机械化发展的扶持措施，标志着我国农业机械化发展进入依法发展的轨道。2009 年 9 月 7 日，国务院常务会议审议并通过了《农业机械安全监督管理条例》。2004 年，开始实施农业机械购机补贴政策，带动地方政府、农民和企业对农机化的投入，形成多元化的投入机制。国家对农机制造、农机流通、农机作业服务实施了税费优惠政策，降低农机产品增值税率，免征农机作业、维修服务企业所得税，对跨区作业的联合收割机、运输联合收割机（包括插秧机）车辆免征通行费。一些有条件的地方还出台了农机优惠信贷、政策性保险、重点环节农机作业补贴、报废更新经济补偿、农机安全检验费减免、农机场库棚用地优惠等扶持措施。2018 年 12 月29 日，国务院发布《国务院关于加快推进农业机械化和农机装备产业转型升级的指导意见》，旨在解决当前农业机械化和农机装备产业发展不平衡、不充分的问题，特别是农机科技创新能力不强、部分农机装备有效供给不足、农机农艺结合不够紧密、农机作业基础设施建设滞后等问题。国家和地方对农业机械化的法制建设和政策扶持力度逐步加大，农业机械化发展环境持续向好。

（五）建立比较完善的农业机械化管理和技术支撑体系，为促进农业机械化发展提供了组织保障

目前，我国基本建立了较为健全的农业机械化行业管理体系，各省、自治区、直辖市和绝大多数地（市）、县（市）、乡镇都设有农业机械化管理机构。2008 年，全国有省级农机管理机构 31 个（其中副厅级以上 14 个），地级农机管理机构 348 个，县级农机管理机构 2768 个，农机管理机构履行政策实施、规划指导、监督管理、协调服务等职能的能力和水平不断提高。部、省和地市级农机试验鉴定机构共 55 个，国家级农机质检中心6 个，部级农机质检中心 23 个，在促进企业技术进步和提高农机产品质量等方面发挥了重要作用。隶属农机化系统的农机科研机构 89 个，农机教育培训机构 1827 个。农机推广体系覆盖全国 31 个省（自治区、直辖市）和新疆建设兵团及黑龙江农垦系统，有地、县级推广机构 2456 个，乡镇级推广机构 1.44 万个，基本形成了多层次、多功能、多形式的推广体系和比较完整的技术服务网络，已成为农业机械化科技成果转化为农业现实生产力的中坚力量。全国农机安全监理网络进一步完善，各级农机安全监理机构 2897 个，有效预防和减少了农机事故的发生，促进了农机安全发展。

第二节 世界范围内我国农机行业的发展机遇与挑战

一、世界农机行业的发展现状与趋势

美国、日本是农业机械化发展水平较高的国家，他们的农业之所以发达，就在于他们不但拥有足够数量的农业机械，而且还形成了适合各自国情的农业机械化体系。

美国是目前世界上农业机械化水平最高的国家，早在 20 世纪 40 年代，美国就领先世界各国最早实现了粮食生产机械化。近年来美国开始致力于在谷物播种机、喷雾

机、联合收割机等农业机械与装备上采用卫星全球定位系统来进行监控作业等高新生产技术，并向着农业机械与装备的精准化方向发展。

总体来看，目前发达国家现代农机装备正向着大型、高效、智能化和机电液一体化方向发展。具体体现在：适应大农场需求，拖拉机功率继续提高，大型农机实现计算机控制、自动换挡、无级变速、噪声降低，操作舒适简便。

大部分发展中国家如菲律宾、印度、泰国、智利、巴西等国家，也在大力加快本国的农业机械化水平，并积极采用拖拉机等配套农业机械与装备来进行各项农业作业。不过从总体来看，全球发展中国家的农业机械化发展水平在不同地区存在很大差异，而且发展也极不平衡。

二、我国农机行业发展现状与趋势

农业代际演进是一个漫长的渐进过程，技术的发展和商业模式的演替，不断地推动农业从低代际向高代际发展，各代际的影响程度此消彼长。当某一代际发展演进到一定程度时，量变引起质变，自然进入下一代际，从而实现农业代际的动态跃迁。

中国传统的农业 1.0 时代极其漫长，无动力的农业机械很早就进入了农业生产，只是到了新中国成立，特别是改革开放后，大型综合型农业机械被广泛使用，农田里出现了机器的轰鸣声，标志着一个农业生产新时代的来临。

农业 2.0 的机械化到农业 3.0 的自动化演进过程中，机械化与自动化互相交替促进，以信息化的方式形成两个时代的软连接，这两个时代在一定程度上是相伴相行的。早期的机械化没有信息化的支撑，只是用机器代替人的纯劳力替换。机械化和信息化融合，机械的使用开始转向自动化，劳动力在一定程度上被释放出来。然而，自动化的内涵外延要远高于机械化，除了支撑机械化，信息化驱动下的农业还在向更高的智能时代跃进。由于信息化的支撑，农业 2.0 时代得以延长，为机械化赋予了自动化的特征。同样由于机械化的灼灼光彩，农业 3.0 时代的到来显得十分隐约。农业 3.0 时代并未完全实现，还处于加速成熟期。

农业 4.0 是一个新兴事物，中国目前还处在"概念界定、内涵丰富、示范工程设计"这一阶段。农业 4.0 是一个技术为王的农业时代，显著特点是无人化，是对现代信息技术的高度集成，投资大，风险也大，具有典型的木桶效应。农业 4.0 的发展以互联网、物联网、大数据、云计算、人工智能技术为关键，迎合现代农业的发展需求是农业 4.0 走向现实的必经之路。从农业 3.0 到 4.0 的跨越在时间维度上很难分清界限，农业 3.0 的后期与农业 4.0 的初期几乎是叠加的。然而，农业 4.0 与农业 3.0 有着本质的差别，从农业 3.0 到 4.0 的巅峰一跃对技术进步的要求极其苛刻，既要求物联网、大数据、云计算、人工智能等信息技术的协同，还要求数据信息与动植物生长性状等生物学特征进行精准匹配，完全是数字驱动的农业时代，这将是一个技术为王的终极农业时代。

中国是农业大国，农业是国家的命脉，农业机械化发展是农业发展的重要保障。我国农业机械制造业是在新中国成立后，从无到有逐步发展起来的，是从增补旧式农具和制造推广新式农具起步的。

经过70多年的发展，我国已经确立了农机产品生产大国的地位，我国以拖拉机和联合收割机为代表的主要农机产品的数量远远超过其他国家。来自国家统计局的统计数据显示，2016年，我国大中型拖拉机实现产销59.2万台（数据来源于中国农机工业协会），高于德国、日本等工业发达国家；联合收割机年产销量达到25.8万台，年产量居世界首位。

虽然中国农机总量快速发展，但巨大的人口基数仍使中国农机人均保有量处于世界平均水平之下，综合机械化水平仅约48%，并呈现明显的结构性不均衡。小型机械较多而大中型机械较少、动力机械较多而配套机械较少、机耕机械化水平显著高于机播和机收、粮食作物机械化水平普遍高于经济作物、丘陵地带机械化仍处于起步阶段。同时，由于我国的农业机械工业规模普遍偏小，产品技术含量较低，新技术和新设备又难以得到很好的推广，造成了农机行业整体发展水平滞后。

随着农村土地流转、规模化经营、机械化操作趋势的增强，农业机械的发展方向也会发生改变。结合市场需求，我国的农业机械向着高效智能、节约环保、舒适便捷和个性、专用性方向发展是必然的选择。

三、中国农机企业核心竞争力构建

（一）我国农机企业面临的竞争状况

我国农机市场仍然是全球最具竞争力的市场。在惠农政策的推动下，我国农机行业发展成就显著，呈现出产业转型、品质提升、需求升级的发展趋势，正处于要素发展、创新驱动的关键时期。

产业转型有序推进。2016年，农机行业实现主营业务收入4745.3亿元，同比增长5.2%。我国目前能够生产3500多种农机具，基本能够满足我国农业全程机械化的装备需求。传统主机农机企业纷纷进入农机具行业，不断完善、延伸产业链条，加强机组协同，丰富耕种管收一体化产业谱系，主动为用户提供全套农业装备解决方案。主要农机具企业进行产业拓展，传统耕整地制造企业向种植机械、植保机械、大中型拖拉机、收获机械等产业领域发展；植保机械制造企业向耕整地、收获机械等产业领域延伸，产业结构、发展能力进一步增强。零部件配套企业产品稳步升级，产品品质大幅提升，有力地支撑了主机产品的升级换代。

虽然农机在农业生产中的载体作用日益显著，但我国农机行业发展依然充满挑战。当前，国际知名农机跨国公司在加速抢滩中国的同时，正凭借新技术和高端产品优势

垄断国内高端市场。这些跨国巨头不断把原本的合资公司变成其独资公司，进一步压制国内企业发展。

从全球范围来看，国外农机产品种类已达7000多种，并基本实现了全面机械化。我国农机产品的品种为3500种左右，仅为国际农机总数的一半，丘陵、经济作物等领域农机产品的空白点依然很多。宗锦耀把这种情况概括为"日益增长的农业机械化需求与农机新技术新装备有效供给不足的矛盾"，并称之为我国农机化发展中最主要的矛盾。与此同时，国际知名农机跨国公司正加速抢滩中国，凭借新技术和高端产品优势垄断国内高端市场。

除了品种不足，我国农机产品在产品性能、技术水平、制造水平、产业组织等方面，与国际先进水平相比，都存在较大差距。

在设计和制造环节，国外已经基本实现了数字化柔性制造，即在一条混合组装线上，既可以组装拖拉机，又可以组装收割机、插秧机等。

产业组织方面，国际农机巨头已经实现了集团化，从数字化设计到高端制造，形成专业化分工配套协作的全产业链；而国内农机行业存在共性技术缺失，转化机制弱化，企业创新投入严重不足，产业化组织程度低的问题。

农机制造技术水平方面，基础工艺、基础材料、基础零件，"三基"依然是制约我国农业装备水平提升的关键。关键部件的研究进展缓慢，这是制约农机产品水平提升的问题所在。

（二）企业竞争力构建的基本途径

1. 机械制造自动化水平进一步提升

机械制造自动化水平的进步，既是劳动生产率进步和产品生产质量保证的内在要求，也是企业竞争力提升的必然结果。机械制造自动化水平的进步首先要单机自动化水平的进步，这是机械制造系统自动化的基础。我国目前的农机制造企业已具备一定的自动化水平，有些企业已配备一定数量的专用自动机和加工中心，但仍有很多企业的制造设备是人工操纵的加工机床，企业的自动化程度还不高。

机械制造自动化水平的进步是生产组织的自动化程度的进步。具体而言，就是要提升加工工件的存放、运输、生产预备和各种辅助工作的自动化水平，要实现生产过程的自动化，就要利用计算机辅助工艺过程设计（CAPP）和成组技术（GT）。

2. 制造技术在讲求精益生产的同时，制造系统的柔性也应加强

精益生产最早出现在具有较强现代制造特点的汽车行业，并有力地推动了汽车产业的发展。就农机产品而言，精益生产的目标是充分利用现有加工技术，提高农机产品的加工质量和加工效率，同时对农机产品的配送、物流等生产辅助工作也提出相应要求，保证农机产品在生产和制造过程中实现即时供货和零库存治理。

现代制造技术一个非常重要的方面就是要增强产品制造的灵敏性，及时推出市场需求的产品。农机产品的市场需求固然不像生活用品那样富有个性，但由于总体趋向多元化，产品功能质量配置（QFD）要求也逐步提高，这样对制造企业的制造水平和生产柔性提出了相应要求。目前我国农机生产过程的柔性化程度还不够，这种模式只适用于单品种大批量的需求，很难满足多品种小批量的发展，企业在生产工艺改造时也存在较大难度。

制造系统的柔性是指利用计算机技术来实现生产过程的可重组和及时调整。就整个制造系统而言，它包括计算机辅助设计（CAD）、计算机辅助工艺过程设计（CAPP）、计算机数字控制机床（CNC）、物流控制技术、生产计划与控制、柔性制造系统（FMS）等内容。

3. 制造治理模式转向一体化集成治理

对制造型企业而言，先进的加工技术和加工工艺只有在先进的治理模式下才能完全发挥作用，而治理的核心就是利用现代治理技术和手段对包括原材料、在制品、终极成品及其相关信息的活动进行储存、设计、实施和控制。随着市场竞争的进一步加强，很多制造型企业在加强技术改造和工艺革新的同时，对企业各个制造治理环节（包括产品开发和市场营销）进行改革或再造，以求得效益最优和效率最高。在此背景下，物流和供给链治理也就应运而生。物流治理作为现代企业新的利润源泉，同时也成为提升企业竞争力的一个重要方面。

现代物流治理固然在我国出现时间不长，但已经显示出其强大的生命力。现代物流夸大一体化集成式治理，即与产品有关的各个制造企业组成产品供给链，通过加强协作和降低风险，提升整个供给链的效率，从而增强供给链和成员企业的竞争力。农机产品属于装配流程型产品，各零部件供给商和整机组装厂组成一条完整的供给链。因此加强集成式治理，通过对各零部件供给商进行有效的协调和治理，形成具有科学层次和结构的零部件配套系统，提升整体竞争力成为农机制造技术又一发展方向。

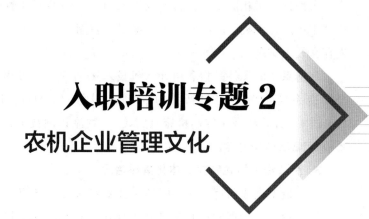

入职培训专题 2
农机企业管理文化

第一节　我国典型农机企业组织架构

以我国农机行业上市企业——新疆机械研究院股份有限公司为代表来说明农机企业组织架构。

新疆机械研究院股份有限公司（以下简称"新研股份"）是专业从事农牧机械研究、设计、制造和销售的高新技术企业。其前身是成立于 1960 年的新疆机械研究所，是新疆转制的科研单位之一。2009 年整体改制为股份有限公司，于 2011 年 1 月成功登陆深交所创业板，是一家农牧机械制造行业上市公司。该公司于 2015 年通过收购四川明日宇航，进入航空航天飞行器零部件制造业，实现了"农机＋军工"双主业发展的战略布局。

新研股份专注于中高端农牧机械产品，拥有"牧神""海山"两个省级著名商标。主要产品包括轮式拖拉机系列、耕作机械系列、大型自走式谷物收割机系列、自走式玉米收获机系列、秸秆饲料收获机系列、经济作物收获机系列、林果机械系列等 7 大类 60 余种产品。其中自走式玉米收获机、青（黄）贮饲料收获机、动力旋转耙技术水平达到国内先进水平、自走式辣椒收获机属国内开创性产品。"牧神"品牌商标系列产品被评为新疆名牌产品，国内 15 个省、自治区均有销售，并在国内建立了完整的产品销售服务体系。

近年来，新研股份承担并完成科研项目 50 余项，其中重点研发计划 3 项，自治区重点研发计划 2 项。30 余项科研成果经鉴定处于国内先进水平。新研股份参与制定国家标准 1 项，行业标准 1 项，主持制定团体标准 1 项，地方标准 4 项，企业标准 20 余项。获得有效专利 52 项，其中发明专利 14 项，国家重点新产品 5 项。今后将借助军工科研及制造优势，围绕农牧机械主业，大力提升"牧神"产品的整体性能，打造具有军工品质的农机产品。

1. 人力资源

新研股份拥有 50 余年的创新底蕴，公司继承和发展了原科研院所的研发体系和创新传统，打造了高水平的研发平台和技术团队，建立了良好的管理机制。新研股份现已成为注册资本 14.8 亿元，总资产 92.28 亿元的现代化大型装备制造企业。拥有学徒 1800 余名，其中大专以上人员占学徒总数 72%，具有高级职称的专业技术人员 150 余名，享受国务院特殊津贴专家 8 名，研究员 8 名，教授级高级工程师 40 余名。

2. 物质资源

新研股份三大研发基地分别被新疆维吾尔自治区、山东省、吉林省授予省级企业技术中心，建有以公司为依托的"农牧机械关键技术与装备国家地方联合工程研究中心"及自治区批准的"新疆农牧收获机械工程技术研究中心""新疆农牧机械研究成果转化基地""产学研联合培养研究生示范基地"，形成了农牧机械开发、中试、熟化、批量生产的技术平台。

3. 组织机构

历经十余年的发展，新研股份已从单一科研单位发展成集研发、制造、销售为一体的高新技术企业，现已形成 1 个总部、1 个技术中心、1 个营销公司、3 个生产基地的农牧机械产业布局。总部和技术中心位于新疆乌鲁木齐市，研发、生产基地分别位于新疆、山东和吉林（图 1-1）。

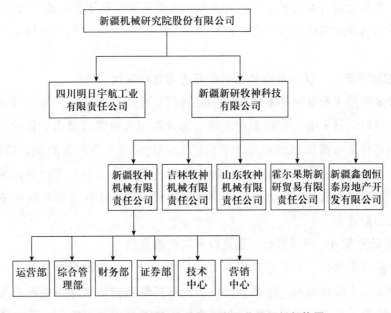

图 1-1　新疆机械研究院股份有限公司组织架构图

第二节 我国农机制造企业的发展趋势

当前，农机产品的研究开发和生产制造技术经过长期的发展，其产品不仅品种繁多，而且质量精良，技术水平越来越高。为适应不同的自然地理环境、农作物种类以及不同层次农村经济水平的需要，农机制造企业不断开发新产品，力求产品的广泛适用性，多品种、多型号，并不断提高产品的可靠性和标准化、通用化和系列化水平。随着科技水平的快速发展，现代农机产品的发展已呈现以下的特点和趋势。

1. 向多样化、系列化方向发展

实现农业生产各个环节机械化作业是农业现代化的一个重要内容。为满足农业生产全程机械化对农机装备产品的需求，农机产品的品种数量都在不断增加。为适应不同农业生产经营规模和经济水平的需要，农机市场现已形成了多层次的市场。

2. 复式作业机械的作业功能更加多样化发展

为进一步提高农机作业效率，复式作业机械和联合作业机械在原有机械功能基础上有了新的发展，主要体现在三方面：①适应保护性耕作的要求，生产出免耕、灭茬、施肥、播种一次完成的机具；②将多种高性能机具前后挂接进行联合作业；③作业和运输机械一体化。上述功能的增加改变了原有农机产品的外观，并大幅提高了农机作业效率。

3. 由中小型向高效大型化方向发展

随着农业结构的调整和农业经营规模的不断扩大，为减少能源消耗和降低农产品生产成本，客观上需要农机企业提供大功率、大型化和作业速度高的农机产品。目前，行驶速度快的大功率拖拉机和超宽幅的联合收割机等一些大型化农业机械已在农业生产中应用。

4. 向控制智能化、操纵自动化和驾驶舒适化方向发展

随着计算机技术和电控技术的快速发展和广泛应用，当今许多发达国家在生产和制造农机产品时大量采用工业制造业方面的先进技术，将现代微电子技术、仪器与控制技术、信息技术等高新技术应用于农机产品，并成为一种发展趋势，朝着智能化、光机电一体化方向快速发展。此外，各种光机电液仪一体化的技术产品被装备到农业机械上，以达到农业机械化作业的高效率、高质量、低成本，实现农机作业高度自动化、智能化和舒适化。

5. 注重资源节约、环境保护，促进农业可持续发展

为适应农业机械化与农业可持续发展相结合的趋势，节能低排放的拖拉机、保护性耕作机械、节水灌溉机械、精量播种机械、节药低残留的植保机械已成为当今农机产品发展的主流。目前，我国农机企业已生产出能提高农业资源利用效率和保护农业生产环境的农机产品，以满足农业生产过程中对资源节约和环境保护的需求。

第三节　农业机械企业文化

以我国农机行业典型上市企业——新疆机械研究院股份有限公司的企业文化为代表来展现农机企业文化。

公司的奋斗目标：把公司建设成为中国专业、杰出、竞争力强的大型装备制造企业。新研人秉承"创新务实、品质至上、精诚合作、追求卓越"的核心价值观，不断研制新产品，以创新驱动发展助力新经济前行，用自身的行动承担责任，服务社会。

愿景：做中高端农牧机械的领跑者

作为西北地区农机行业的领头羊，新研股份立足自身优势，努力进取，以高性能、高品质的产品赢来用户的信任与赞誉，旗下"牧神"系列农牧机械是"新疆名牌产品"。新研股份将致力在经营管理、品牌与人才建设等全方面处于行业前列。

使命：让农牧业生产更加轻松愉快

农业是立国之本。"科研立院、人才兴院、发展产业、服务农业"的宗旨鞭策我们不仅要把企业做大做强，更要以为我国农业的现代化及发展做出自己的贡献为己任。"牧神"必将不辱使命，耕耘神州，为我国农业现代化与农村经济发展作出更大贡献。

核心价值观：创新务实　品质至上　精诚合作　追求卓越

创新是我们的灵魂，务实的作风是我们成功的关键；

新研始终坚持"不接受不良品、不制造不良品、不输出不良品"；

积极合作，利用集体的力量，发挥最佳功能，达到预期的效果；

新研人坚信"事欲达，志先达"，敢为人先，追求行业顶尖水平；

管理理念：关心学徒成长，激励学徒进取

为学徒提供良好的工作环境和激励机制；完善学徒培养体系和职业发展通道，使学徒与企业同步成长；充分尊重和信任学徒，不断引导和鼓励，使其获得成就的喜悦。以"团队合作奖励制度"保持研发技术人员的团队合作精神；通过"内部晋升及人才储备"保持公司的技术优势；实施"股权激励"保持研发技术人才队伍的稳定。

入职培训专题 3

农业机械企业人事管理制度及流程

构筑先进合理的人力资源管理体系，体现"以人为本"的理念，重视培养和开发学徒，使学徒与企业共同成长。农业机械企业人事管理制度及流程保持人事制度和程序的统一性和一致性，保持人力资源系统的专业水平和道德标准，保证各项人事规章制度符合国家和地方的有关规定。

第一节　学徒入职及转正工作程序

一、工作目标

将学徒顺利引入现有的组织结构和公司文化氛围之中。学徒被录用初期通常是最重要的时期，正是在这个时期学徒形成工作态度、工作习惯，并为将来的工作效率打下基础（图 1-2）。

向学徒介绍其工作内容、工作环境及相关同事，使其消除对新环境的陌生感，尽快进入工作角色。

在试用期内对学徒的工作进行跟进与评估，为其转正提供依据。

二、人力资源部办理入职手续

（1）填写《学徒档案登记表》。

（2）与学徒签订《劳动合同》。

（3）带学徒到部门，介绍给部门经理。

（4）更新学徒通信录。

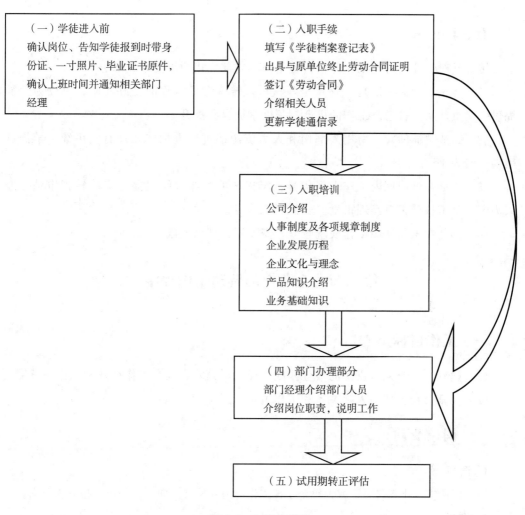

图 1-2　入职流程图

三、入职培训

（1）入职培训由人力资源部和各用人部门共同完成，时间为1～2天，根据岗位不同而异。

（2）学徒培训内容包括：公司介绍、人事制度、公司各项规章制度、产品知识、业务基础知识等。

（3）不定期举行企业文化、相关业务知识等方面的培训。

（4）培训结束由培训部做考核评估，考核合格转到相关部门。

四、转正评估

（1）学徒试用期满时，由人力资源部提前两周安排进行转正评估。

（2）学徒对自己在试用期内的工作进行总结，由主管部门经理对其进行评估。主管部门经理的评估结果将对该学徒的转正起到决定性的作用。

五、转正考核

转正是对学徒的一次工作评估，也是公司内部优化的重要组成部分。

（1）转正对学徒来说是一种肯定与认可，转正考核流程的良好实施，可以为学徒提供一次重新认识自己及工作的机会，帮助学徒自我提升。

（2）一般学徒的转正由用人部门和人力资源部进行审批并办理有关手续。学徒试用期一般为1～3个月。

（3）学徒在试用期内工作表现优异、突出，可由部门经理提出提前转正申请，经人力资源部审核后报总经理审批。

（4）学徒在试用期满工作表现较差，需要延长试用期限。

第二节　企业内部调动工作程序

一、工作目标

（1）达到工作与人力资源的最佳匹配，使人尽其才，提高工作绩效和工作满意度。

（2）调整公司内部的人际关系和工作关系（图1-3）。

二、岗位变动

1. 调岗

因部门调整或业务需要，或为符合学徒工作能力和发展意向，公司可安排学徒调岗。

2. 借调

因业务上的需要，公司可把学徒借调到其他部门。

3. 待岗

当学徒被认为绩效表现及工作能力不能胜任本岗位工作需要，经过培训仍无法达到要求时，用人部门可向人力资源部提出安排其待岗。

三、工作程序

1. 调岗

（1）当公司内部出现岗位空缺时，除考虑内部提升及外部招聘外，亦考虑平级调岗。公司有关部门及学徒本人均可提出调岗。

（2）学徒提出的调岗，应由本人提出书面调岗申请，并经所在部门经理同意。

（3）填写《人事变动表》，部门经理填写《工作评估表》，报总经理批准，后由人力资源部参照学徒聘用审批程序办理。

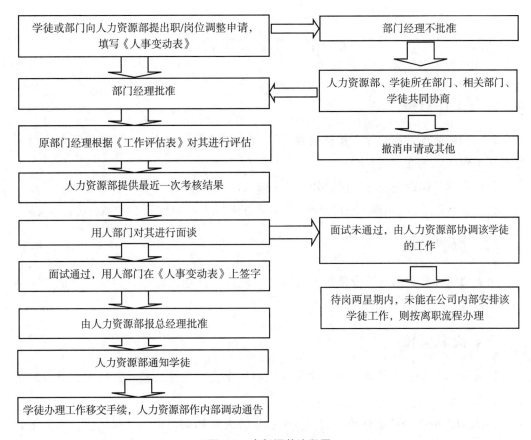

图1-3　内部调整流程图

2. 借调

（1）由公司或拟借调单位的经理提出，经人力资源部与有关部门协商，报总经理批准决定。

（2）用人部门向人力资源部提出借调申请，由人力资源部同用人部门、调出部门及学徒本人协商取得一致。

（3）用人部门或人力资源部填制《人事变动表》，相关部门签字后，报公司总经理批准。

3. 待岗

待岗应由用人部门以书面形式提出，填写《人事变动表》，详细说明待岗理由，交人力资源部，报总经理审批。同时由用人部门和人力资源部共同协调其工作安排，在两个星期内仍不能安排其工作的，进入离职工作流程。

第三节 学徒离职制度

一、工作目标

（1）离职流程管理是为了规范公司与离职学徒的多种结算活动，交接工作，以利于公司工作的延续性（图1-4）。

（2）离职手续的完整可以保护公司免于陷入离职纠纷。

（3）人力资源部与离职人员的面谈提供管理方面的改进信息，可以提高公司管理水平。

二、离职面谈

由人力资源部根据情况安排面谈或与总经理进行离职前谈话，面谈记录记入学徒档案保存。

三、离职交接

1. 不论何种原因学徒离职的，学徒应在离职前完成工作交接，并且归还公司的所有财物及工作文件。

2. 人力资源部经理审核基本手续齐全后，将人事档案调出并办理保险、工资结算手续，该手续在学徒离职手续齐全后两周内完成（涉及离职问题视情况延期）。工资结算应根据销售回款报表时间确定，不超过1个月，具体以交接手续完成时间为起点，以汇至个人工资卡的形式结算。

3. 学徒拒绝按照公司的程序办理离职手续或未完成上述交接任务的，公司有权暂缓支付相关费用、工资或暂停办理人事手续。

4. 所有离职材料、凭证存入该学徒档案，并将档案转入离职人员档案系统管理。

5. 离职手续办理内容：

（1）业务工作交接

①向所在部门就自己的工作近况、详细客户档案、所有出货情况、接受的所有凭证和财务票据、未完成项目、合作方电话、物品等，制成一份书面的交接清单，由离职人员、公司指派的交接人员和部门经理三方做完整的交接工作，并在交接清单上签名确认。

②重要涉密岗位学徒辞职，须与公司签订《保密协议》，保证不对外泄露公司技术秘密及商业机密。

③学徒与公司签订的保密协议、竞业禁止协议、研发行为准则中的保密义务在学徒离职后的2年内继续有效。

（2）办公用品交接

①离职者除私人物品外、不得携带公司的任何财物，包括工作笔记、公司的文件资料、办公用品、电脑、通信工具、名片、办公桌、文件柜、公司钥匙等。所有归还的公司物品交部门经理签收。

②入住公司寝室者还必须当日完成其私人物品的搬离，并交还所有公司提供的用品，由公司指定人员进行交接工作，签收交接意见。

（3）财务交接

财务部负责清点离职人员的所有财务款项，离职人员必须还清所有欠款，说明清理不明确账目；应付学徒未付的奖金、佣金；学徒未付公司的借款、罚金；原承诺培训服务期未满的补偿费用；汇总应付学徒款项的总金额；支付学徒应结算工资总额减去学徒应还公司总额之后的工资。

四、离职审计

公司管理人员或重要岗位学徒离职时，公司将进行该学徒的离职审计。离职流程如图 1-4 所示。

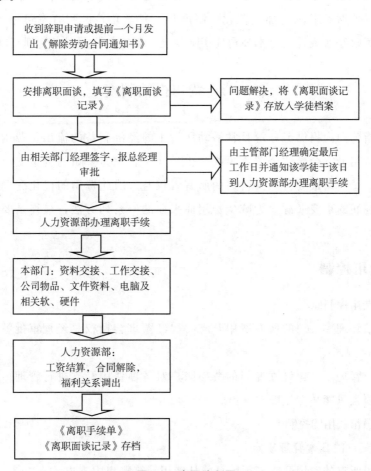

图 1-4　离职流程图

入职培训专题 4
农业机械企业财务与资产管理

农业机械企业根据董事会关于加强公司制度建设的指示要求，为了强化公司财务管理，促进各项财务工作更加规范化、制度化、科学化，做到有章可循、有章必循。依据国家相关财经法规并结合本公司的实际情况，制定本公司财务管理制度。

第一节 费用报销制度

费用是指公司为提供劳务等日常活动所发生的经济利益的流出。费用具有如下基本特征：①费用最终会导致公司资源的减少，具体表现为公司的资金支出或者表现为资产的消耗；②费用最终会减少公司的所有者权益。因此费用的优化配置与合理控制是企业创造利润的重要来源，为减少费用而采取的一系列方法，最终是要实现企业利润的最大化。

一、费用控制

（一）费用控制原则

（1）签字管理 公司的所有费用开支一律经董事会授权总经理审批签字，财务方可报销。

（2）专户管理 公司设立专门的费用账户对各项费用开支进行管理。公司所有的费用开支必须且只能从专用账户支出。

（二）日常费用的控制

1. 费用账户的日常管理规定

（1）公司所有的费用开支必须且只能从费用结算账户中支出；

（2）公司所开立的费用结算户原则上必须使用基本账户（可以提取现金）；

（3）费用开支的备用金应按照费用预算根据日常开支需要随时在费用账户中提取，严禁将现金收入坐支用于费用支出。

2. 费用账户资金的日常拨付规定

费用账户资金的拨付，实行"按月总额控制"的原则。每月初，出纳根据公司实际经营需要，对本月应支付款项拨付到费用账户中。

（三）费用的审批程序

1. 费用审批程序

经办人持原始凭证→经理审核签字→会计审核签字→出纳审核报销付款。

2. 费用报销要求

公司支付、报销业务统一按资金预算、财务报销要求执行。

（1）费用开支类 第一张粘贴单采用"报销粘贴单"，并在上面注明所有粘贴单的数量、金额等要素，其余的原始单据均用"票据粘贴单"粘贴即可，粘贴要求为从左到右层层整齐粘贴。

（2）出差报销 使用"差旅费报销单"，注明出差事由、起始时间、地点、费用类型、金额。

（3）付款项类 使用"付款申请"，财务付款依据为付款合同或协议，否则财务部有权拒绝办理付款。

（4）借款 使用"借款单"。注明借款人、部门、事由、金额、支付方式等。

（5）会计要严格遵守费用报销制度，认真审核各种凭证，对不符合要求的凭证应拒绝予以报销，否则要承担责任。

（6）费用报销严禁分拆，属于同一项目、同一时间或同一性质的费用按照单笔费用报销。

（7）费用报销经手人适用从高原则。如招待费，在参加人员中，应由其中最高级别的人员填制费用报销单报销。

3. 票据规定

（1）凡到财务报销的原始凭证，内容必须真实、合法、完整、准确，不得涂改，不得弄虚作假。对不真实、不合法的原始凭证财务人员不予接收，对记载不准确、不完整的原始凭证应予以退回。

（2）凡属于公司报销的外来发票（原始凭证），均需取得正式并填写完整的税务发票。如对方单位无法开具正规税务发票，必须取得收款收据并向财务部了解具体报销方式。发票上的日期、单位名称、实物数量、单位和金额、填制单位和经办人的签名或盖章等必须真实合法，填制无误。经办人取得发票时须辨明其真伪，如有付款单位项，须注明是本公司。如发票（或其他凭据）印章模糊，字迹不清或有涂改，数字不

准确（大小写不符），将不予办理。

4. 票据粘贴及领款要求

（1）票据粘贴要求　经办人应按要求填好支付、报销单据，将所持原始凭证粘贴于相应单据上，以上下右三边为界，要求粘贴平整、均匀、美观、结实，以便装订与保管。粘贴时，将胶水涂抹在原始票据背面的左边，应将原始票据与粘贴单粘贴整齐。票据较多时，原始票据沿粘贴单据自上而下、自右向左呈阶梯状粘贴。一般情况下，一张粘贴单粘贴原始票据不超过 20 张，票据较多一张粘贴单不够时，可分若干张粘贴单进行粘贴，粘贴时请按票据类型进行分类粘贴。个别原始票据（如工程结算单、合同）较大且数量较多时，将原始票据按照粘贴单大小进行折叠。报销单上所填写数字不得涂改。填写内容均用碳素笔或钢笔，禁止用圆珠笔或铅笔。

（2）报销票据经审批完整无误后，出纳人员方能报销，付款后应加盖"银行付讫"或"现金付讫"。

二、主要费用项目的管理，以新疆××农机股份有限公司为例

（一）差旅费

1. 出差种类

出差是指学徒因公离开本人工作单位所在地去异地办理公务的行为过程。具体包括临时出差、长期出差、工作调动等。

（1）临时出差人员　即由公司派往现工作地点以外（不含境外）地区公干，并且在外地连续工作时间不超过 1 个月的学徒。

（2）长期出差人员　即由公司派往现工作地点以外（不含境外）地区公干，并且在外地工作连续时间超过 1 个月，不满 3 个月的学徒。

2. 差旅费的相关规定

（1）出差人员在出差前必须填写出差计划表，出差人员必须详细填写出差任务描述及相关内容；经主管领导批准后方可出差。

（2）出差应本着节俭原则。如遇特殊情况需乘坐软卧、高级软座、飞机的必须事先在出差计划书上注明，并经总经理或董事长批准。

（3）出差人认真、如实填写报销单，各类单据分类粘贴整齐，附在费用单据后，根据报销程序报销。

（4）出差费用（除出差补贴外）必须凭出差时实际发生的发票报销，出差旅费准予列支的项目如下：

①往返交通费　指往返交通工具的票费（汽车，轮船三等舱，飞机经济舱，火车硬卧、硬座，高铁/动车二等座，全列软席列车二等软座）、订票费、退票费、保险费、机场建设费、机场/火车站往返大巴或出租车费等。

②出差时间及补贴确认

a. 乘火车/高铁、长途汽车出行，均以票面时间为计算依据，以出行当日 14：00 为界，14：00（含）以前出发，按 1 天计算补贴；14：00 以后出发，按 0.5 天计算补贴；返回当天 14：00（含）前到达，按 0.5 天计算补贴；14：00 以后到达，按 1 天计算补贴。

b. 乘飞机出行，以行程单票面时间为计算依据，以出行当日 14：00 为界，14：00（含）以前出发，按 1 天计算补贴；14：00 以后出发按 0.5 天计算补贴；返回时，14：00（含）以前到达，按 0.5 天计算补贴；14：00 以后到达，按 1 天计算补贴。

c. 驾驶公司车辆出行，需选择合适的出行时间，不鼓励开夜车，以出行当日 14：00 为界，14：00（含）以前出发，按 1 天计算补贴；14：00 以后出发，按 0.5 天计算补贴，确认出发时间以离开城市首张过路费发票时间为起始时间，以到达目的地城市末张过路费发票时间来确认到达时间。

③出差地划分　例如，乌鲁木齐市区（含县）及周边、昌吉市区及周边、呼图壁县（含芳草湖）、玛纳斯县、五家渠市区及周边、吐鲁番市区周边、阜康市区及周边，乘坐公共交通工具的，只报销往返目的地城市的客运交通费。

④住宿费　根据批准的出差计划书规定的行程，出差期间平均每天的住宿费不能超出规定标准，超出部分请自理；出差结束后凭实际发生的发票报销。2 人同时出差，且为同性，只允许住 1 间标准间，按 1 人标准执行本制度（副总经理及以上级别除外）；若多人同时出差，人数为单数的，按（人数＋1）/2 标准执行本制度，人数为双数的按人数/2 的标准执行本制度；由出差地客户或公司免费安排住宿的不得另行报销住宿费。

⑤出差补贴　出差补贴含市内交通费、伙食补贴。市内交通费指出差期间，因业务需要在出差地城市发生的市内交通费。伙食补贴指出差期间给予的用餐补贴费。出差补贴按标准执行，由财务根据出差天数计算。特别规定：例如，乌鲁木齐市区（含县）及周边、昌吉市区及周边、呼图壁县（含芳草湖）、玛纳斯县、吐鲁番市区及周边、五家渠市区及周边、阜康市区及周边，这些县、市不算出差，没有出差补贴。因工作需要，必须在上述出差地住宿的，总经理批准后可报销住宿费及按差旅费补助标准报销差旅费。

⑥出差报销标准、地区分类、职务分类、住宿费、伙食补贴、出差补贴标准如表 1-1。

表 1-1 出差报销标准、地区分类、职务分类、住宿费、伙食补贴、出差补贴标准

职务	住宿费标准		伙食补贴	市内交通费	备注
副总经理及以上	北京、上海、广州、深圳为500元/（间·天）		无	凭出差地城市所发生的市内交通费发票报销	如无法提供发票，则不予报销。超标准部分自理
	除北京、上海、广州、深圳以外的城市380元/（间·天）				
部门经理或部门负责人	北京、上海、广州、深圳为350元/（间·天）		100元/（人·天）	凭出差地城市所发生的市内交通费发票报销	如无法提供发票，则不予报销。超标准部分自理
	除北京、上海、广州、深圳以外的城市280元/（间·天）				
学徒	北京、上海、广州、深圳为280元/（间·天）		100元/（人·天）	伙食补贴中含有市内交通费，不予报销	超标准部分自理
	除北京、上海、广州、深圳以外的城市220元/（间·天）				

（5）长期出差人员差旅费报销标准

①长期出差人员的住宿，如出差当地公司或厂家提供住宿地点的，不予报销住宿费；出差超过1个月的，按照出差当地实际情况租房。

②长期出差人员伙食补贴，如当地公司或者厂家提供伙食的，不予报销伙食补贴，按照20元/天发放伙食补贴。

（二）通信费

通信费补贴按不同级别标准在工资中按月发放，不需要提供发票，不另行报销出差期间发生的通信费。

（三）交通费

因公事外出，以公共汽车为主，需要打出租车应事先报请主管领导批准。

（四）招待费的管理

（1）业务招待费用定义 因工作需要对公司客户和协作伙伴的宴请、娱乐所花费的费用。

（2）发生业务招待费之前，按要求填写《业务招待费申请审批单》，详细填写内容，经总经理审批后，方可报销。

（3）业务招待费报销标准 外协单位人员（厂家或协助项目实施人员需我公司负责吃住的人员）按照工作餐标准35元/（人·餐），商务宴请标准150元/人。

（4）出差期间在外发生的个人餐费，已纳入出差补助，不予额外报销。

第二节　资产管理制度

一、低值易耗品管理制度

（一）低值易耗品的分类

低值易耗品是指单位价值在 100 元以上，不属于固定资产的，且使用年限在一年以上的各种财产物资。按照其用途可分为办公用具、家具用具、工具器具、包装物、劳保用品等几大类。

（1）办公用具包括办公用桌椅、计算机桌椅、文件柜、书柜、保险柜、电话机、打印机、验钞机、传真机、饮水机、移动存储器、计算器等，分类号为 1。

（2）家具用具包括柜台、货架、收款台、操作台、展台、展架、门窗、沙发、茶几、各种生活用具、各种家用电器等，分类号为 2。

（3）工具器具包括包装机、普通电子秤、磅秤、封口机、小型仪表仪器、维修器械工具、消防器具、装卸搬运工具、小型建筑工具、手推车、三轮车等，分类号为 3。

（4）包装物是指用来包装商品，可以多次使用各种包装箱、包装容器等，分类号为 4。

（5）劳保用品是指工服、绝缘鞋、安全帽、防护网等各种劳动保护用品，分类号为 5。

（二）低值易耗品的核算

（1）行政部应设专人负责低值易耗品的管理，按部门设置低值易耗品实物账，按种类设型号账页，登记低值易耗品实物数量的增加、减少、调拨、存放地点等情况。

（2）低值易耗品虽不按固定资产核算，但按固定资产方式进行管理。需对其进行编号及造册登记。

（3）每年进行一次财产清查，保证账物相符。

（三）低值易耗品采购、领用的管理

（1）购进低值易耗品应由使用部门提出申请，经总经理批准，由行政部负责统一购置。

（2）低值易耗品购进后由低值易耗品管理员验收，填制入库单，登记低值易耗品明细账。

（3）领用低值易耗品，由领用部门填制领用申请单，经领用部门负责人审批后由低值易耗品管理员填制出库单领用低值易耗品，同时登记低值易耗品明细账。

（4）每半年，低值易耗品管理员对低值易耗品进行盘点，做到账实相符。

二、固定资产管理制度

第一条　为严格公司固定资产管理，防止资产流失，充分发挥资产效能，特制定

本制度。

第二条　固定资产分类

固定资产按其用途可分为运输设备、机器设备、电子电器、房屋及建筑物、其他等五大类。

第三条　固定资产日常管理

1. 总经理负责公司所有固定资产业务的审批。

2. 固定资产管理部门是指负责对固定资产进行监督管理的部门，所有固定资产由行政部负责监督管理。

3. 固定资产管理部门的责任：

（1）负责其监管范围内的固定资产档案的建立。固定资产档案的内容包括：固定资产购买或自行建立的批准单复印件，购销合同，固定资产卡片，发票复印件，保修卡，固定资产调拨单等。档案由专人建立和保管。

（2）负责其监管范围内的固定资产新增、部门之间调拨、合并、拆分、清理等业务的计划和复核，并提请总经理批准。

（3）负责固定资产台账的登记。

（4）定期对其监管范围内的固定资产进行盘点。

（5）对其监管范围内的固定资产流转提出可行性建议。

第四条　固定资产采购、管理、领用程序

1. 固定资产采购程序

（1）使用部门申请增添固定资产时，应填写"固定资产申请表"，经总经理审批同意。

（2）采购部接到经批准的"请购单"后，则办理采购程序，依采购程序办理完成采购。

2. 固定资产验收、入库程序

（1）采购人员采购完成。固定资产送达时，固定管理员与采购人员共同对固定资产进行验收。

（2）固定资产验收合格后，固定资产管理员开具"固定资产入库单"办理入库手续。

（3）固定资产管理员根据"固定资产入库单"登记固定资产管理台账。

3. 固定资产出库程序

（1）固定资产管理员通知固定资产使用人领取固定资产，固定资产使用人领取固定资产的同时在"固定资产出库单"签字确认。该"固定资产出库单"作为固定资产的档案材料。

（2）固定资产管理员，根据"固定资产出库单"登记固定资产管理台账。

4. 固定资产内部转移

（1）固定资产的内部转移，经总经理批准后，并填写"固定资产内部转移单"经使用人员、接收人员、固定资产管理员签字后，移交固定资产。

（2）固定资产管理员根据"固定资产内部转移单"登记固定资产管理台账。

5. 固定资产维护

固定资产维护是指公司为了确保固定资产的正常运转和使用，对固定资产进行保养、检查、故障修理等行为。

固定资产需要维护、维修时，由固定资产管理员与厂家或维修人员联系；提前提出固定资产维修维护申请，经总经理批准后进行维修维护。

维护、维修完成后，由固定资产使用人、固定资产管理人对固定资产进行查验；固定资产管理员登记固定资产管理台账。

6. 固定资产报废

（1）所有丧失原有使用功能而无法继续使用的固定资产应立即申请报废或毁损。

（2）所有固定资产报废都必须由使用人提出申请，固定资产管理部核准后，报总经理批准。

（3）固定资产报废后，固定资产管理员及时办理固定资产管理台账的变动。

（4）因固定资产使用人使用或管理不善导致的固定资产报废，将追究使用人的相关责任。

第二部分

认识岗位

入职培训专题 5
认识学徒业务岗位

　　农业机械制造学徒岗位是农业装备应用技术专业的核心岗位，旨在培养农业装备应用技术专业需求的高等技术应用型专门人才，具备农业机械制造能力，培养学生具有职业关键技术能力和职业道德，使学生具备综合职业能力。

　　新疆农机装备处于全国领先水平，农业机械企业主要开展农业装备制造、装配、营销、维护维修等业务，根据农业装备应用技术专业职业面向的核心职业活动和企业典型生产案例设计学徒学习任务，学生以学习者和企业员工两种身份承担具体岗位工作，边工作边学习，在师傅指导下完成具体项目开发、产品设计、产品制作、生产任务和岗位业务等工作任务，从培养岗位职业知识、能力与素质方面进行设计，并通过知识能力和技术技能认证的典型职业岗位。农业机械制造学徒岗位以企业工作环境与生产组织为基础，融入企业管理文化浸润、企业管理流程与制度规范，重点开展学徒职业素质与工匠精神养成、岗位专业理论知识学习提升、岗位技术操作与问题解决等业务能力、创新发展与知识迁移能力、企业环境人际关系处理能力等，使学徒能够通过岗位工作学习得到综合职业能力。农机制造学徒岗位承担落实农机具金属板材的加工、农机具焊接技术技巧及工艺方法、农机具零件普通机床加工和农机具零件数控机床加工至农机具出厂全程技术和质量保证。

入职培训专题 6
学徒岗位安全教育

　　根据《中华人民共和国安全生产法》规定：生产经营单位应当对从业人员进行安全生产教育和培训，保证从业人员具备必要的安全生产知识，熟悉有关的安全生产规章制度和安全操作规程，掌握本岗位的安全操作技能，了解事故应急处理措施，知悉自身在安全生产方面的权利和义务。未经安全生产教育和培训合格的从业人员，不得上岗作业。

　　农机制造相关企业学徒上岗前安全教育的形式主要采用三级安全教育方式。三级安全教育是指新入厂学徒、工人的厂级安全教育、车间级安全教育和岗位（工段、班组）安全教育。三级安全教育制度是企业安全教育的基本教育制度。企业必须对新工人进行安全生产的入厂教育、车间教育、班组教育；对调换新工种、复工、采取新技术、新工艺、新设备、新材料的工人，必须进行新岗位、新操作方法的安全卫生教育。受教育者经考试合格后，方可上岗操作。

　　在农机具制造过程中，技术人员必须掌握必要的安全生产知识，熟悉有关的安全生产规章制度和安全操作规程，识读企业安全标示标牌，培训合格后方可进入岗位学习。

　　学徒岗位安全教育与考核的任务主要包括安全生产法律法规、企业安全生产规章制度、自救互救、急救方法、疏散和现场紧急情况的处理、作业中危险区域和设备状况及安全操作规程、生产设备安全装置、劳动防护用品（用具）的性能及正确使用方法、本岗位易发生事故的不安全因素及其防范对策等内容。

　　农业机械制造岗位学徒岗位安全教育与考核可采取参观、座谈、演讲等与课堂讲授相结合的形式进行。

第一节　安 全 生 产

一、安全生产常用的几个基本概念

（一）安全与本质安全

安全泛指没有危险，不受威胁和不出事故的状态。安全是一个相对的概念，当危险性低于某种程度时，人们就认为是安全的。

本质安全是指设备、设施或技术工艺含有内在的能够从根本上防止事故的功能。本质安全是生产中预防为主的根本体现，也是安全生产的最高境界，是人们追求的目标。

（二）安全生产

安全生产是指在生产作业活动过程中，采取有效措施，消除和控制危险、有害因素，整治和消除事故隐患，防止各类事故发生，保障人身安全与健康、设备和设施免受损坏、环境免遭破坏的总称。

（三）安全生产方针

（1）我国安全生产的方针是"安全第一，预防为主，综合治理"。

（2）安全生产方针的含义

安全第一：就是在生产经营活动中，在处理保证安全与生产经营活动的关系上，要始终把安全放在首要位置，优先考虑从业人员和其他人员的人身安全，实行"安全优先"的原则。在确保安全的前提下，努力实现生产的其他目标。

预防为主：就是按照系统化，科学化的管理思想，按照事故发生的规律和特点，千方百计预防事故的发生，做到防患于未然，将事故消灭在萌芽阶段。虽然在生产活动中还不能完全杜绝事故的发生，但只要思想重视，预防措施得当，事故还是可以大大减少的。

综合治理：是指安全生产必须综合运用法律、经济、科技和行政手段，标本兼治，重在治本，推动要素到位，建立长效机制。做到思想认识上警钟长鸣，制度保证上严密有效，技术支撑上坚强有力，监督检查上严格细致，事故处理上严肃认真。

（四）危险源

危险源即危险之根源，是系统中导致事故的根源。可能导致人身伤害和（或）健康损害的根源、状态或行为。

危险源由三个要素构成：潜在危险性、存在条件和触发因素。危险源是指一个系统中具有潜在能量和物质释放危险的、可造成人员伤害、在一定的触发因素作用下可转化为事故的部位、区域、场所、空间、岗位、设备及其位置。一般来说，危险源可能存在事故隐患，也可能不存在事故隐患，对于存在事故隐患的危险源一定要及时加

以整改，否则随时都可能导致事故的发生。

（五）事故与事故隐患

在生产经营过程中，事故是指造成人员死亡、伤害、职业病、财产损失或其他损失的意外事件。

事故隐患是指生产经营单位违反安全生产法律、法规、规章、标准、规程和安全生产管理制度的规定，或者因其他因素在生产经营活动中存在可能导致事故发生的危险状态、人的不安全行为和管理上的缺陷。因此，隐患是事故发生的必要条件。

（六）工伤和和工伤保险

工伤，又称"职业伤害""工作伤害"，指劳动者在从事职业活动或者与职业责任有关的活动时所遭受的事故伤害和职业病伤害。一般而言，意外事故必须与劳动者从事工作或职业的时间和地点有关，而职业病必须与劳动者从事的工作或职业的环境、接触有毒有害物质的浓度和时间有关。

工伤保险，又称职业伤害保险。工伤保险是通过社会统筹的方法，集中用人单位缴纳的工伤保险费，建立工伤保险基金，对劳动者在生产经营活动中所遭受的意外伤害或职业病，并由此造成的死亡、暂时或永久丧失劳动能力时，给予劳动者及其家属法定的医疗救治以及必要的经济补偿的一种社会保险制度。

（七）"三不伤害"原则

不伤害自己，不伤害他人，不被他人伤害。

（八）"三违"

"三违"是违章指挥，违章操作，违反劳动纪律的简称。

要杜绝违章，首先明白什么是违章。违章就是违反安全管理制度、规范、章程，违反安全技术措施所从事的活动。"违章不一定出事（故），出事（故）必有违章"，这句话很好地诠释了事故与违章的关系。根据全国每年上百万起事故原因进行的分析证明，95％以上是由于违章而导致的。违章是发生事故的原因，事故是违章导致的后果。

（九）特种作业人员

特种作业是指容易发生人员伤亡事故，对操作者本人、他人及周围设施的安全可能造成重大危害的作业。直接从事特种作业的人员称为特种作业人员。

机械行业常见特种作业及人员主要包括：金属焊接、切割作业，起重机械作业，厂内机动车驾驶人员，压力容器作业、电气作业等。

（十）安全操作规程

安全操作规程是生产经营单位在长期的安全生产工作实践中，认真吸取事故教训，根据各工种的特点和作业中存在的危险因素，总结、提炼的学徒安全行为规范。从某种意义上说，它是通过血的教训，甚至是付出生命的代价换来的，是职工在生产操作时必须遵守的安全行为准则。

职工从事本工种工作，就要遵守本工种安全操作规程，减少或消除可能导致人身伤亡的不安全行为，从而有效控制各类事故的发生。

第二节　安　全　教　育

安全培训是企业实现安全生产、文明生产最重要的措施之一，是企业管理工作的一项重要的基础工作。

《中华人民共和国安全生产法》明确规定："生产经营单位应当对从业人员进行安全生产教育和培训，保证从业人员具备必要的安全生产知识，熟悉有关的安全生产规章制度和安全操作规程，掌握本岗位的安全操作技能，了解事故应急处理措施，知悉自身在安全生产方面的权利和义务。未经安全生产教育和培训合格的从业人员，不得上岗作业。生产经营单位使用被派遣劳动者的，应当将被派遣劳动者纳入本单位从业人员统一管理，对被派遣劳动者进行岗位安全操作规程和安全操作技能的教育和培训。劳务派遣单位应当对被派遣劳动者进行必要的安全生产教育和培训。生产经营单位接收中等职业学校、高等学校学生实习的，应当对实习学生进行相应的安全生产教育和培训，提供必要的劳动防护用品。学校应当协助生产经营单位对实习学生进行安全生产教育和培训。生产经营单位应当建立安全生产教育和培训档案，如实记录安全生产教育和培训的时间、内容、参加人员以及考核结果等情况。"

国家安监总局颁布的《生产经营单位安全培训规定》明确要求："加工、制造业等单位的从业人员，在上岗前必须经过厂（矿）、车间（工段、区、队）、班组三级安全教育培训。"

一、"三级"安全教育的内容

"三级"安全教育制度是企业安全教育的基本制度。教育的对象包括新入职学徒、代培人员和实习人员。

（一）公司级岗前安全培训内容

（1）本单位安全生产情况及安全生产基本知识

（2）本单位安全生产规章制度和劳动纪律

（3）从业人员安全生产权利和义务

（4）有关事故案例等

（二）分厂、车间级岗前安全教育

各车间有不同的生产特点和不同的要害部位、危险区域和设备，因此在进行本级安全教育时，应根据各自的情况进行详细讲解，内容应包括：

（1）工作环境及危险因素

（2）所从事工种可能遭受的职业伤害和伤亡事故

（3）所从事工种的安全职责、操作技能及强制性标准

（4）自救互救、急救方法、疏散和现场紧急情况的处理

（5）安全设备设施、个人防护用品的使用和维护

（6）本车间（工段、区、队）安全生产状况及规章制度

（7）预防事故和职业危害的措施及应注意的安全事项

（8）有关事故案例

（9）其他需要培训的内容

（三）班组安全教育

班组是企业生产的"前线"，生产活动是以班组为基础的。由于操作人员活动在班组，机具设备在班组，事故也常常发生在班组。因此，班组安全教育非常重要，班组级安全教育应包括：

（1）岗位安全操作规程

（2）岗位之间工作衔接配合的安全与职业卫生事项

（3）有关事故案例

（4）其他需要培训的内容

二、"三级"安全教育的组织实施

厂级安全教育由公司安全生产管理部门实施。车间级安全教育培训由分厂（车间）负责人或安全管理人员负责组织实施。班组级安全教育由班组组织实施。

新入职人员必须全部进行三级安全教育，教育后要进行考试，并填写《学徒三级安全教育表》，考核合格方能上岗。

第三节　安全生产法律法规

我国颁布的安全生产及相关法律法规很多，主要有《中华人民共和国安全生产法》《中华人民共和国职业病防治法》《中华人民共和国劳动法》《中华人民共和国消防法》《中华人民共和国特种设备安全法》《工伤保险条例》《危险化学品安全管理条例》及安全生产监管部门发布的相关规定及规范标准等，下面重点介绍以下几个法律法规：

一、《中华人民共和国安全生产法》

《中华人民共和国安全生产法》是为了加强安全生产工作，防止和减少生产安全事故，保障人民群众生命和财产安全，促进经济社会持续健康发展，制定本法。

2021年6月10日，中华人民共和国第十三届全国人民代表大会常务委员会第二十

九次会议通过《全国人民代表大会常务委员会关于修改〈中华人民共和国安全生产法〉的决定》，自 2021 年 9 月 1 日起施行。

1. 职业健康安全保障

《中华人民共和国安全生产法》第五十二条　生产经营单位与从业人员订立的劳动合同，应当载明有关保障从业人员劳动安全、防止职业危害的事项，以及依法为从业人员办理工伤保险的事项。生产经营单位不得以任何形式与从业人员订立协议，免除或者减轻其对从业人员因生产安全事故伤亡依法应承担的责任。

2. 知情权和建议权

《中华人民共和国安全生产法》第五十三条　生产经营单位的从业人员有权了解其作业场所和工作岗位存在的危险因素、防范措施及事故应急措施，有权对本单位的安全生产工作提出建议。

3. 批评检举控告和拒绝违章指挥权

《中华人民共和国安全生产法》第五十四条　从业人员有权对本单位安全生产工作中存在的问题提出批评、检举、控告；有权拒绝违章指挥和强令冒险作业。

生产经营单位不得因从业人员对本单位安全生产工作提出批评、检举、控告或者拒绝违章指挥、强令冒险作业而降低其工资、福利等待遇或者解除与其订立的劳动合同。

4. 紧急情况下的停止作业和紧急撤离权

《中华人民共和国安全生产法》第五十五条　从业人员发现直接危及人身安全的紧急情况时，有权停止作业或者在采取可能的应急措施后撤离作业场所。生产经营单位不得因从业人员在前款紧急情况下停止作业或者采取紧急撤离措施而降低其工资、福利等待遇或者解除与其订立的劳动合同。

从业人员在行使这项权利的时候，必须明确三点：一是危及人身安全的紧急情况必须有确实可靠的直接根据，凭借个人猜测或者误判而实际并不属于危及人身安全的紧急情况除外；二是紧急情况必须直接危及人身安全，间接或者可能危害人身安全的情况不应撤离，而应采取有效的处理措施；三是出现危及人身安全的紧急情况时，首先是停止作业，然后要采取可能的应急措施，采取应急措施无效时，再撤离作业场所。

从业人员在享有以上安全生产权利的同时，在生产劳动过程中必须履行相应的义务：

（1）遵章守规，佩戴和使用劳动防护用品的义务

《中华人民共和国安全生产法》第五十七条　从业人员在作业过程中，应当严格落实岗位安全责任，遵守本单位的安全生产规章制度和操作规程，服从管理，正确佩戴和使用劳动防护用品。

（2）接受培训，提高安全生产素质的义务

《中华人民共和国安全生产法》第五十八条　从业人员应当接受安全生产教育和培训，掌握本职工作所需的安全生产知识，提高安全生产技能，增强事故预防和应急处

理能力。

（3）发现隐患及时报告的义务

《中华人民共和国安全生产法》第五十九条　从业人员发现事故隐患或者其他不安全因素，应当立即向现场安全生产管理人员或者本单位负责人报告；接到报告的人员应当及时予以处理。

二、《中华人民共和国职业病防治法》

《中华人民共和国职业病防治法》为了预防、控制和消除职业病危害，防治职业病，保护劳动者健康及其相关权益，促进经济社会发展，根据宪法制定。2017年11月4日，第十二届全国人民代表大会常务委员会第三十次会议决定，通过对《中华人民共和国职业病防治法》作出修改，自2017年11月5日起施行。

《职业病防治法》中规定了劳动者职业卫生保护权利、用人单位的职业病防治职责以及职业病诊断和职业病人待遇等。

《职业病防治法》第三十九条规定：劳动者享有下列职业卫生保护权利：

（一）获得职业卫生教育、培训；

（二）获得职业健康检查、职业病诊疗、康复等职业病防治服务；

（三）了解工作场所产生或者可能产生的职业病危害因素、危害后果和应当采取的职业病防护措施；

（四）要求用人单位提供符合防治职业病要求的职业病防护设施和个人使用的职业病防护用品，改善工作条件；

（五）对违反职业病防治法律、法规以及危及生命健康的行为提出批评、检举和控告；

（六）拒绝违章指挥和强令进行没有职业病防护措施的作业；

（七）参与用人单位职业卫生工作的民主管理，对职业病防治工作提出意见和建议。

三、《工伤保险条例》

《工伤保险条例》2004年1月1日颁布实施，2010年12月8日国务院第136次常务会议修改，2011年1月1日重新发布施行，目的是为了保障因工作遭受事故伤害或者患职业病的职工获得医疗救治和经济补偿，促进工伤预防和职业康复，分散用人单位的工伤风险。

《工伤保险条例》第十四条规定：职工有下列情形之一的，应当认定为工伤：（一）在工作时间和工作场所内，因工作原因受到事故伤害的；（二）工作时间前后在工作场所内，从事与工作有关的预备性或者收尾性工作受到事故伤害的；（三）在工作时间和工作场所内，因履行工作职责受到暴力等意外伤害的；（四）患职业病的；（五）因工外出期间，由于工作原因受到伤害或者发生事故下落不明的；（六）在上下班途中，受到非本人主要责任的交通事故或者城市轨道交通、客运轮渡、火车事故伤害的；（七）法律、行政法规规定应当认定为工伤的其他情形。

《工伤保险条例》第十五条规定：职工有下列情形之一的，视同工伤：

（一）在工作时间和工作岗位，突发疾病死亡或者在 48 小时之内经抢救无效死亡的；（二）在抢险救灾等维护国家利益、公共利益活动中受到伤害的；（三）职工原在军队服役，因战、因公负伤致残，已取得革命伤残军人证，到用人单位后旧伤复发的。

职工有前款第（一）项、第（二）项情形的，按照本条例的有关规定享受工伤保险待遇；职工有前款第（三）项情形的，按照本条例的有关规定享受除一次性伤残补助金以外的工伤保险待遇。

《工伤保险条例》第十六条规定：职工符合本条例第十四条、第十五条的规定，但是有下列情形之一的，不得认定为工伤或者视同工伤：

（一）故意犯罪的；（二）醉酒或者吸毒的；（三）自残或者自杀的。

第四节　安全色和安全标志

一、安全色

1. 安全色

安全色是特定的表达安全信息的颜色。它以形象而醒目的色彩语言向人们提供禁止、警告、指令、提示等安全信息。安全色包括四种颜色：即红色、黄色、蓝色、绿色。

安全色的含义及用途：

红色表示禁止、停止的意思。禁止、停止和有危险的器件设备或环境涂以红色的标记。如禁止标志、机器紧急停止按钮、交通禁止标志、消防设备。

黄色表示注意、警告的意思。需警告人们注意的器件、设备或环境涂以黄色标记。如警告标志、交通警告标志。

蓝色表示指令、必须遵守的意思。如指令必须佩戴个人防护用具标志、交通标志指示等。

绿色表示通行、安全和提供信息的意思。可以通行或安全情况涂以绿色标记。如表示通行、机器启动按钮、安全信号旗等。

2. 对比色

对比色有黑白两种颜色，黄色安全色的对比色为黑色。红、蓝、绿安全色的对比色均为白色。而黑白两色互为对比色。

黑色用于安全标志的文字、图形符号，警告标志的几何图形和公共信息标志。

白色则作为安全标志中红、蓝、绿色安全色的背景色，也可以用于安全标志的文字和图形符号以及安全通道、交通的表现、铁路站台上的安全线等。

红色与白色相间的条纹比单独使用红色更加醒目，表示禁止通行、禁止跨越等，用于公路交通等方面的防护栏杆以及隔离墩。

黄色与黑色相间的条纹比单独使用黄色更加醒目，表示要特别注意。用于起重吊钩、剪板机压紧装置、冲床滑块等。

蓝色与白色相间的条纹比单独使用蓝色醒目，用于指示方向，多为交通指导性导向标。

二、安全标志

安全标志由安全色、几何图形和图形符号构成，用以表达特定的安全信息。使用安全标志的目的是提醒人们注意不安全因素，防止事故发生，起到安全保障的作用。当然，安全标志本身并不能消除任何危险，也不能取代预防事故的相应措施。

1. 安全标志的类型

安全标志分为禁止标志、警告标志、指令标志和提示标志四大类型。

2. 安全标志的含义

禁止标志是指禁止人们不安全行为的图形标志。其基本形式为带斜杠的圆形框。圆环和斜杠为红色，图形符号为黑色，衬底为白色（图2-1）。

图 2-1　禁止标志示例

警告标志是指提醒人们对周围环境引起注意，以避免可能发生危险的图形标志。其基本形式是正三角形边框。三角形边框及图形为黑色，衬底为黄色（图2-2）。

图 2-2　警告标志示例

指令标志是指强制人们必须做出某种动作或采用防范措施的图形标志，其基本形式是圆形边框。图形符号为白色，衬底为蓝色（图2-3）。

图2-3 指令标志示例

提示标志是向人们提供某种信息的图形标志。其基本形式是正方形边框。图形符号为白色，衬底为绿色（图2-4）。

图2-4 提示标志示例

3. 使用安全标志的相关规定

在有较大危险因素的生产经营场所或者有关设施、设备上，设置明显的安全警示标志，以提醒、警告学徒，使他们能时刻清醒地认识到所处环境的危险，提高注意力，加强自身安全保护，这对于避免事故发生将会起到积极作用。

在设置安全标志方面，相关法律已有诸多规定。如《中华人民共和国安全生产法》规定，生产经营单位应当在有较大危险因素的生产经营场所和有关设施、设备上，设置明显的安全警示标志。安全警示标志必须符合国家标准。设置的安全标志，未经有关部门批准，不准移动和拆除。

第五节　职业健康和劳动防护用品知识

一、职业健康知识

（一）什么是职业病

职业病是指劳动者在职业活动中，因接触粉尘、放射性物质和其他有毒、有害物质等因素而引起的疾病。根据《职业病分类和目录》，职业病分为 10 类，132 种。

1. 职业性尘肺病及其他呼吸系统疾病

2. 职业性皮肤病

3. 职业性眼病

4. 职业性耳鼻喉口腔疾病

5. 职业性化学中毒

6. 物理因素所致职业病

7. 职业性放射性疾病

8. 职业性传染病

9. 职业性肿瘤

10. 其他职业病

构成《中华人民共和国职业病防治法》所称的职业病，必须具备四个要件：患病主体必须是企事业单位或者个体经营组织的劳动者；必须是在从事职业活动的过程中产生的；必须是因接触粉尘、放射性物质和其他有毒、有害物质等因素而引起的，其中放射性物质是指放射性同位素或射线装置发出的 α 射线、β 射线、γ 射线、X 射线、中子射线等电离辐射；必须是国家公布的职业病分类和目录所列的职业病。在上述四个要件中，缺少任何一个要件，都不属于法定职业病。

（二）什么是职业病危害因素

职业病危害是指对从事职业活动的劳动者可能导致职业病的各种危害因素。职业病危害因素包括：职业活动中存在的各种有害的化学、物理、生物以及在作业过程中产生的其他职业有害因素。

（三）职业病是如何发生的

劳动者接触到职业病危害因素，并不一定就会发生职业病。造成职业病发生必须具备一定的作用条件，同时受一定的个体危险因素的影响。其中作用条件包括：接触机会、接触方式、接触时间和接触的强度。个体危险因素包括：遗传因素、年龄和性别的差异、营养缺乏、其他疾病和精神因素、文化水平和生活方式或个人习惯。

（四）职业有害因素的来源

生产工艺过程、劳动过程和工作环境中产生和（或）存在的，对职业人群的健康、安全和作业能力可能造成不良影响的一切条件或要素，统称为职业有害因素。职业有害因素是导致职业性损害的致病源，其对健康的影响主要取决于有害因素的性质和接触强度等。职业有害因素按其来源可分为三类：

1. 生产工艺过程中产生的有害因素

（1）化学性有害因素　包括生产性毒物和生产性粉尘。

（2）物理性有害因素　包括异常气象条件（高温、高湿、低温、高低气压等），噪声、振动、非电离辐射（可见光、紫外线、红外线、射频辐射、激光等）、电离辐射（α射线、β射线、γ射线、X射线、中子射线等）。

（3）生物性有害因素　如炭疽杆菌、布氏杆菌、森林脑炎病毒、真菌、寄生虫及某些植物性花粉等。

2. 劳动过程中的有害因素

不合理的劳动组织和作息制度、劳动强度过大或生产定额不当、职业心理紧张、体内个别器官或系统紧张、长时间处于不良体位、姿势或使用不合理的工具等。

3. 工作环境中有害因素

自然环境因素（如室外作业）、厂房建筑或布局不符合职业卫生标准（如通风不良、采光照明不足、有毒工段和无毒工段在同一个车间内）和作业环境空气污染等。

二、劳动防护用品知识

劳动防护用品，是指用人单位为劳动者配备的，使其在劳动过程中免遭或者减轻事故伤害及职业伤害的个体防护装备。使用劳动防护用品，是保障从业人员人身安全与健康的重要措施，也是保障生产经营单位安全生产的基础。

（一）劳动防护用品分为以下10大类

1. 防御物理、化学和生物危险、有害因素对头部伤害的头部防护用品。

2. 防御缺氧空气和空气污染物进入呼吸道的呼吸防护用品。

3. 防御物理和化学危险、有害因素对眼面部伤害的眼面部防护用品。

4. 防噪声危害及防水、防寒等的听力防护用品。

5. 防御物理、化学和生物危险、有害因素对手部伤害的手部防护用品。

6. 防御物理和化学危险、有害因素对足部伤害的足部防护用品。

7. 防御物理、化学和生物危险、有害因素对躯干伤害的躯干防护用品。

8. 防御物理、化学和生物危险、有害因素损伤皮肤或引起皮肤疾病的护肤用品。

9. 防止高处作业劳动者坠落或者高处落物伤害的坠落防护用品。

10. 其他防御危险、有害因素的劳动防护用品。

（二）劳动防护用品的正确使用方法

（1）会检查（可靠性）　使用前做一次外观检查，检查的目的是确认防护用品对危险有害因素防护效能的有效性。检查的内容包括外观有无缺陷或损坏，各部件组装是否严密，启动是否灵活等。

（2）会正确使用　严格按照使用说明书正确使用劳动防护用品。

（3）会正确维护保养防护用品。

第六节　事故应急与现场急救知识

掌握一定的事故应急救援知识，对于处理紧急事故，防止和减少伤亡事故有着积极的意义。

一、应急管理中的"四个一"

在应急中应掌握"四个一"，即"一图一点一号一法"。

（1）"一图"逃生路线图。所有作业现场发生突发事故，班组学徒除了抢救身边的伤者，最重要的任务不是救灾抢险，而是逃生，这是现代应急管理的基本原则，是以人为本的具体体现。既然是逃生，就要事先熟悉现场逃生路线，班组应急演习也是为了熟悉这条逃生路线，否则急来"抱佛脚"，乱了方向，成为"无头苍蝇"。

（2）"一点"紧急集合点。紧急集合地点是逃生路线的终点。它的重要作用体现在：紧急疏散后，集中到此点，便于应急指挥部门点名，核实学徒人数，如有缺员，可以立即展开寻救。

（3）"一号"报警电话号码。报警电话有不同的类别和层次，火警119，急救120是众所周知的，但是作为班组学徒，仅仅知道这两个号码是远远不够的。这里所说的"一号"，首先是指所在单位的应急指挥中心的电话号码，以及你的直接上级领导的电话。

（4）"一法"常用的急救方法。突发事件发生后，如何在第一时间内对伤者采取急救措施，争取挽救伤者的机会，对于减少人员伤亡起着重要的作用。

二、现场急救与逃生

1. 事故现场急救原则

在生产劳动过程中，不可避免发生各类工伤事故，为了减少和避免事故造成的伤害和损失，每个职工都应了解一些常见事故发生以后的救护和自救技术，才能做到临危不乱，化险为夷。职业伤害急救原则如下：

（1）遇到伤害发生时，不要惊慌失措，要保持镇静，并设法维持好现场的秩序。

（2）在周围环境不危及生命条件时，一般不要随便搬动伤员。

（3）暂不要给伤病员喝任何饮料和进食。

（4）如发生意外，而现场无人时，应向周围大声呼救，请求来人帮助或设法联系有关部门，不要单独留下受伤人员无人照管。

（5）根据伤情对病员边分类边抢救，处理的原则是先重后轻、先急后缓、先近后远，对呼吸困难、窒息和心跳停止的伤病员，从速置头于后仰位、托起下颌、使呼吸道通畅，同时施行人工呼吸、胸外心脏按压等复苏操作，原地抢救。

（6）对伤情稳定、估计转运途中不会加重伤情的伤病员，迅速组织人力，利用各种交通工具分别转运到附近的医疗单位急救。

（7）现场抢救一切行动必须服从有关领导的统一指挥，不可各自为政。

2. 急救时首先要对病人做的检查

现场急救，人命关天。现场急救时的检查不容许像在医院中那样全面细致地进行，但是在给病人做急救处理之前，必须首先了解病人的主要伤情，对病人进行必要的检查，特别是对重要的体征不能忽略遗漏。所以现场急救的检查要抓住重点。

首先要检查心脏跳动情况。心跳是生命的基本体征，正常人每分钟心跳 60～100 次。严重创伤，大出血等病人，心跳多增快，但力量较弱，摸脉搏时觉脉细而快，每分钟跳 120 次以上时多为早期休克。当病人死亡时，心跳停止。

其次是检查呼吸。呼吸也是生命的基本体征，正常每分钟呼吸 16～20 次。垂危病人的呼吸多变快、变浅、不规则；当病人临死前，呼吸变缓慢、不规则直至停止呼吸。在观察危重病人的呼吸时，由于呼吸微弱，难以看到胸部明显的起伏，可以用 1 小片棉花或小薄纸条、小草等放在病人鼻孔旁，看这些物体是否随呼吸来回飘动来判定还有无呼吸。

最后看瞳孔。正常人两个眼睛的瞳孔等大、等圆、遇到光线照来时可以迅速收缩。当病人受到严重伤害，两侧的瞳孔可以不一般大，可能缩小或扩大。当用电筒突然刺激瞳孔时，瞳孔不收缩或收缩迟钝。

3. 急救常识

（1）创伤急救　创伤急救原则上是先抢救，后固定，再送医院，并注意采取措施，防止伤情加重或污染。需要送医院救治的，应立即做好保护伤员措施后送医院救治。抢救前先使伤员安静躺平，判断全身情况和受伤程度，如有无出血、骨折和休克等。外部出血立即采取止血措施，防止失血过多而休克。外观无伤，但呈休克状态，神志不清，或昏迷者，要考虑胸腹部内脏或脑部受伤的可能性。为防止伤口感染，应用清洁布片覆盖。救护人员不得用手直接接触伤口，更不得在伤口内填塞任何东西或随便使用药。搬运时应使伤员平躺在担架上，腰部束在担架上，防止跌下。平地搬运时伤员头部在后，上楼、下楼、下坡时头部在上，搬运中应严密观察伤员，防止伤情突变。

（2）止血

①伤口渗血　用较伤口稍大的消毒纱布数层覆盖伤口，然后进行包扎。若包扎后仍有较多渗血，可再加绷带适当加压止血。

②伤口出血呈喷射状或鲜红血液涌出时，立即用清洁手指压迫出血点上方（近心端），使血流中断，将出血肢体抬高或举高，以减少出血量。

用止血带或弹性较好的布带等止血时，应先用柔软布片或伤员的衣袖等数层垫在止血带下面，再扎紧止血带以刚使肢端动脉搏动消失为度。上肢每 60 min，下肢每 80 min 放松一次，每次放松 1～2 min。开始扎紧与放松的时间均书面标明在止血带旁。扎紧时间不宜超过 4 h。不要在上臂中 1/3 处和腋窝下使用止血带，以免损伤神经。若放松时观察已无大出血可暂停使用。

高处坠落、撞击、挤压可能有胸腹内脏破裂出血。受伤者外观无出血但常表现面色苍白，脉搏细微，气促，冷汗淋滴，四肢厥冷，烦躁不安，甚至神志不清等休克状态，应迅速躺平，抬高下肢，保持温暖，速送医院救治。

（3）烧伤、烫伤　立即冷却烧（烫）伤的部位，用冷水冲洗烧伤部位 10～30 min 或冷水浸泡直到无痛的感觉为止。冷却后再剪开或脱去衣裤。不要给口渴伤员喝白开水。伤口全部用清洁布片覆盖，防止污染。四肢烧伤时，先用清洁冷水冲洗，然后用清洁布片消毒纱布覆盖送往医院。妥善保护创面，不可挑破伤处的水泡。不可在伤处乱涂药水或药膏等。尽快送往医院进一步治疗。搬运时，病人应取仰卧位，动作应轻柔，行进要稳，并随时观察病人情况，对途中发生呼吸、心跳停止者，应就地抢救。

（4）触电　首先应立即使触电者脱离电源。救护人员切不可直接用手、其他金属或潮湿的物件作为救护工具，而必须使用干燥绝缘的工具。救护人员最好只用一只手操作，以防自己触电。

如果触电者伤势不重、神志清醒，但有些心慌、四肢麻木、全身无力，或触电者曾一度昏迷，但已清醒过来，应让触电者安静休息，注意观察并请医生前来治疗。触电后，即使触电者表面的伤害看起来不严重，也必须接受医生的诊治。因为身体内部可能会有严重的烧伤。

如果触电者伤势较重，已经失去知觉，但心脏跳动和呼吸尚未中断，应让触电者安静地平卧，解开其紧身衣服以利呼吸；保持空气流通，若天气寒冷，则注意保温。严密观察，速请医生治疗或送往医院。

如果触电者伤势严重，呼吸停止或心脏跳动停止，应立即实施口对口人工呼吸或胸外心脏按压进行急救；若二者都已停止，则应同时进行口对口人工呼吸和胸外心脏按压急救，并速请医生治疗或送往医院。在送往医院的途中，不能中止急救。

（5）中暑　当出现中暑先兆症状或轻度中暑时，应立即离开高温作业环境，到阴凉安静地方休息，补充清凉含盐饮料。

昏倒的患者，应将其迅速抬到环境凉爽的地方，解开衣扣和裤带，有条件者可在患者头部、两腋下和大腿内侧等处放置水袋，用冷水、冰水或酒精擦身，同时用风扇向患者吹风。在上述治疗过程中，必须用力按摩患者四肢，以防止周围血循环停滞。

病人清醒后，可给病人喝些凉开水，同时服用十滴水或人丹等防暑药品。对重度中暑者，应在做上述降温措施的同时，将患者迅速送往医院进行抢救。

第七节　学徒三级安全教育考核记录

学徒三级安全教育考核记录卡（公司级）

编号：　　　　　　　　　　　　　　建档日期：

姓　名		性　别		民　族	
年　龄		毕业院校			
文化程度		入职日期		所在部门	
身份证号码				岗位/工种	
家庭住址				联系电话	
公司级安全教育 内容记录					
培训日期	年　月　日～　　年　月　日				
培训课时					
教育者签名					
受教者签名					
考试方式					
考试成绩					

企业负责人意见：
□培训合格，安排下一级安全教育培训。
□培训不合格，再培训。
□培训不合格，不予录用。

　　　　　　　　　　　　　　　　　　　　　负责人（签字）：
　　　　　　　　　　　　　　　　　　　　　　　　年　月　日

　　说明：1. 凡本公司学徒（新进厂人员、变换工种、复工人员）需填写此卡，经三级教育培训合格后方准进入岗位，未经教育合格者，不准进入岗位；2. 三级教育结束并签字后将本卡交到企业存档，合格后凭此卡领取防护用品进入工作岗位。

学徒三级安全教育考核记录卡（车间级）

编号：　　　　　　　　　　　建档日期：

姓　名		性　别		民　族	
年　龄		毕业院校			
文化程度		入职日期		所在部门	
身份证号码				岗位/工种	
家庭住址				联系电话	
车间级安全教育内容记录					
培训日期	年　月　日～　　年　月　日				
培训课时					
教育者签名					
受教者签名					
考试方式					
考试成绩					

企业负责人意见：

□培训合格，安排下一级安全教育培训。

□培训不合格，再培训。

□培训不合格，不予录用。

负责人（签字）：

年　月　日

　　说明：1. 凡本公司学徒（新进厂人员、变换工种、复工人员）需填写此卡，经三级教育培训合格后方准进入岗位，未经教育合格者，不准进入岗位；2. 三级教育结束并签字后将本卡交到企业存档，合格后凭此卡领取防护用品进入工作岗位。

学徒三级安全教育考核记录卡（班组级）

编号：　　　　　　　　　　　　　建档日期：

姓　　名		性　　别		民　　族	
年　　龄		毕业院校			
文化程度		入职日期		所在部门	
身份证号码				岗位/工种	
家庭住址				联系电话	
班组级安全教育 内容记录					
培训日期	年　月　日～　　年　月　日				
培训课时					
教育者签名					
受教者签名					
考试方式					
考试成绩					
企业负责人意见： □培训合格，安排上岗。 □培训不合格，再培训。 □培训不合格，不予录用。 　　　　　　　　　　　　　　　　负责人（签字）： 　　　　　　　　　　　　　　　　　　年　月　日					

　　说明：1.凡本公司学徒（新进厂人员、变换工种、复工人员）需填写此卡，经三级教育培训合格后方准进入岗位，未经教育合格者，不准进入岗位；2.三级教育结束并签字后将本卡交到企业存档，合格后凭此卡领取防护用品进入工作岗位。

入职培训专题 7
岗位业务能力要求和培养目标

一、职业素质能力要求和培养目标

（1）具有正确的世界观、人生观、价值观和明辨是非能力；

（2）忠于职守、诚实守信、吃苦耐劳的职业道德；

（3）积极向上的乐观心态和较强的适应能力；

（4）学徒企业和企业师傅对学徒学生职业守则行为规范、职业品质素养、工匠精神等日常表现认为达到企业员工要求，评价达到良好。

二、专业知识要求和培养目标

通过学徒岗位培养能够熟练运用掌握机械识图、机械原理、金属材料、金属切削原理、金属切割原理、手工电弧焊接、二氧化碳气体保护焊、氩弧焊、机器人焊接、数控火焰切割、数控激光切割、数控机床等理论专业知识，完成农机制造岗位业务工作。

三、职业能力要求和培养目标

（1）能够独立制订农机制造工作任务方案；能够掌握对金属材料的识别；

（2）电焊的中、高级技能；

（3）车工、铣工、刨工的中、高级技能；

（4）车刀刃磨的中、高级技能；

（5）数控切割加工的中、高级技能；

（6）独立分析解决生产中出现的日常问题。

入职培训专题 8
制定学徒培养计划

学徒岗位课程培训与工作任务（或项目）	工作学习内容	培训、工作学习组织	学习产出目标	工作学习时间（周）
企业岗前培训	企业文化管理、企业财务管理、人力资源管理、技术业务培训等。	1. 由企业各部门主管按照新员工进行轮训。 2. 在企业师傅指导下制订学徒期间的工作计划、学习计划和专题研修计划。	1. 了解企业管理结构、发展环境； 2. 了解企业对技术员的业务和行为规范要求，自身职业生涯发展； 3. 了解企业技术、产品市场、财务流程等； 4. 制订学徒制期间的工作计划、学习计划和专题研修计划。	1
农机具金属板材的加工	负责根据生产图纸要求，对常用金属材料的认识，选择材料，正确操作设备切割完成合格产品。	通过师傅的讲解、实验，学生的小组练习组织学习。	能熟练操作数控火焰切割机、数控激光切割机、数控落料机等生产设备，并达到高级工水平。	3
农机具焊接技术技巧及工艺方法	在企业岗位中对常用金属材料强度、硬度、韧性的学习认识，掌握常用钢材焊接的方法与技能。	通过师傅的讲解、操作实验，学生小组练习，学生个人练习。	学生能够正确操作手工电弧焊，能完成常用钢材平焊的方法。	5

续表

学徒岗位课程培训与工作任务（或项目）	工作学习内容	培训、工作学习组织	学习产出目标	工作学习时间（周）
农机具零件普通机床加工	在企业加工岗位中，掌握对常用金属材料与有色金属等切削用量与切削速度等的认识，掌握对金属加工工艺的认识，掌握对常用金属材料的外圆面、内圆面、平面、螺纹面的加工。	通过师傅的讲解、操作实验，学生小组练习，学生个人练习完成。	学生能够正确表述各种常用钢材及有色金属的切削用量与切削速度。学生能够正确用车床加工常用钢材的外圆面、内圆面、平面、螺纹面。	5
农机具零件数控机床加工	在企业工作岗位中，掌握对数控车床的编程与加工达到合格质量的技能。	通过师傅的讲解、操作实验，学生小组练习，学生个人练习完成。	学生能够正确用数控车床完成农机上的轴类零件的加工并达到合格质量的过程。	4
学徒培养总结	企业师傅指导学徒系统总结学徒期间三项计划的完成情况，形成学徒总结。专题研修报告具有一定的技术含量。	总结、指导、审阅修改总结报告和研修报告。	1. 学徒培养总结报告；2. 学徒岗位工作总结报告；3. 学徒培养学习成果报告；4. 专题研修技术报告或论文。	1～2
职业品质与工匠精神培养	学徒按照准员工身份，在企业师傅言传身教，人格潜移默化影响下，在通过企业管理、农机制造生产组织、绩效考核、调查研究、分析总结，不断磨炼学生职业品质和素养，规范职业行为，逐步形成工匠精神，培养出良好的职业素养。			
工作学习资源	企业各工种岗位的图纸、机械设备的说明书、操作手册等。			

第三部分

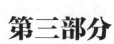

学徒工作学习任务

岗位工作任务一
农机具金属板材的加工

任务一：农机具金属板材毛坯为 120 mm×60 mm×10 mm 板材，5 mm 深的外轮廓已粗加工过，周边留 2 mm 余量，激光切割编程，要求切割出如图 3-1 所示的外轮廓及 ϕ20 mm 的孔，工件材料为铝。

图 3-1　农机具金属板件

任务二：农机具金属板材毛坯为 70 mm×70 mm×18 mm 板材，六面已粗加工过，要求激光切割出如图 3-2 所示的槽，工件材料为 45 钢。

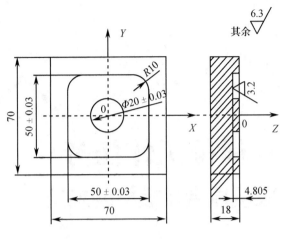

图 3-2　农机具金属板件

<hr>

【工作任务设备和场地要求】

一、农机具金属板材切割设备要求

TS-4 型宽型龙门式数控火焰切割机：该型数控切割机为龙门式结构，在 TS-Ⅱ型的基础上增加了龙门横梁截面宽度，使得该机型不仅在外观上更为大气，而且在运行上更加稳定，工作效率高，使用寿命长，可用于各种碳钢、锰钢、不锈钢等金属材料的大、中、小型钢板下料。该机型横向跨度有 3 m、4 m、5 m、6 m、8m 等多种规格，均采用双边驱动；还可根据用户要求配置多把割炬，或配置成异型切割和直条切割两用切割方式。

鹏沃激光切割机：光纤激光切割机是目前钣金加工行业最先进的加工设备，具有切割精度高的特点。精度能达到 0.05 mm，切割缝隙窄，只有 0.10 mm，切割垂直度高，无毛刺，无挂渣，无须二次加工，降低人工成本和生产管理成本，操作简单、维护成本低。它还具有免维护的特点：使用寿命长，整机正常使用寿命 8～10 年，无须开模，没有冲床的模具损耗，加快公司新产品的研发和降低研发成本。

二、农机具金属板材切割场地要求

（1）首先金属板材切割机不能在潮湿的环境中进行加工，由于太大的湿度会导致一系列的故障，如机器生锈，激光不出光等现象。

（2）金属板材切割机作为一种高端的设备来讲，在加工中，要有稳定的电压与电流。避免不稳定的电流导致切割机设备寿命的缩短。

（3）对于室内来讲，除了工作温度在正常的范围外，还需要注意工作的环境不能有静电磁场等现象的出现，避免激光出现光路导致误差发生概率的增加。

【工作任务知识准备】

一、数控火焰切割设备

（一）数控系统的简介和组成

1. 数控技术的简介

数控技术就是数字程序控制技术，利用现代化的数字计算技术实现对工业设备的控制。数控技术解决了人工不能控制复杂的零件加工，提高了设备的精确度，尤其是精密仪器的制造。同时，数控技术实现了成批量生产，改善工人的工作环境，提高了安全系数。数控技术在机械制造业的应用是人类二十世纪重大的技术进步。数控技术也是人类进入现代化制造业的标志，这些最终得益于计算机以及控制技术的进步。数控技术在现在的发展主要分为两个部分：①控制技术上，也就是微控制器部分，从最早的单板机，现在更多使用 PLC 更适合工业生产，当然 DSP 和 ARM 的使用使控制技术更加的先进，在实时性和精确度上都大有改进。②控制设备，现在激光技术已经可以使用，这使得切割技术和切割能力大为改进。

2. 数控技术的组成

（1）硬件系统　数控系统的硬件部分是工作的基础部分，它首先基于工业 PC 机。在 PC 机的控制主板上留有许多扩展槽，可以插入选用的控制模块，插入模块即可组成控制中心。在这里我们以 PMAC 为例说明，工控机的主板上的 CPU 和 PMAC 组成双微控制器系统。这两个 CPU 各有自己的工作，PMAC 主要是完成对机床的控制，包括机械轴的运动、面板控制和信息的采集以及模数转化。控制机部分则要完成对整个系统的管理，包括各个部分的协调以及控制部分的输入。对于 PMAC 部分还必须有相应的输入输出接口，以及伺服驱动单元，伺服电机、编码器等，对于工控机还要有足够的存储空间，另外控制部分对电源的要求很高，电力部分以及备用电源也是必不可少的。

（2）软件组成　现在的数控系统大多数都是前后台的结构，对于软件部分也相应地分为前台和后台程序。前台部分多为 PMAC 的实时控制软件程序，包括补模块、伺服驱动模块、PLC 监控模块、加工程序解释模块、数据采集及数字化加工模块等，当然这部分很灵活，根据实际的需要可以添加其他的部分。后台程序主要是为了管理服务，主要实现控制程序的初始化，参数输入以及系统管理、CPU 间的通信等。对于数控系统的组成这里只是大体的介绍，主要是因为它的组成受实际情况的限制，有些系统实际上非常简单，而一些大型的控制系统都有自己的特殊部分。

3. 数控切割机的特点

数控切割机之所以能够取代普通的切割机床得益于它在软硬件的优势，下面我们介绍一下数控切割机的几点优势。

（1）可编程，软操作　数控机床利用现在的微机控制技术，可随意根据加工对象的改变实时的改变程序，或者加工目的的不同改变程序。硬件本身并不需要进行大的改动，普通的机床可能在改变对象时需要对硬件的某些部分进行改变，甚至进行大的改动。

（2）高精确度，误差小　普通的机床工作依靠人工的经验和目测，但是一些零件的误差可能是 0.01 mm，人是很难目测的，即便是千分尺的话可能还有 0.0001 mm 的误差。另外普通机床本身的机械部件精确度也不高，加工的零部件就更难要求精确度。数控机床的精确度是由微控制器控制的，以及该灵敏度的传感器检测，极大地提高了精确度，减小了误差。

（3）高效率，成批量　数控机床的功率一般都比较大，刚性也好，传动机构都是无级变速，极大地缩短了单个零件的加工时间。微控制器的工步都是毫秒级的，指令的实现时间极短，现在的微控制器的频率越来越高，速度也更快。在程序和功率的支持下，数控机床更容易实现大批量的生产，这也是现代工业的要求。

4. 数控切割机在产品中的具体应用

数控火焰切割机是目前比较常用的一类切割机，由于它们本身具备手工和自动化两种工作方式，在实际的生产中有极大的优势，既可用于小型的生产加工，也可以是大型设备的加工。下面我们给出一个具体的例子，首先是制图，利用 CAD 对对象制图，然后对 CAD 制图进行技术处理。对制图的处理一定要仔细，这是加工前的第一步，而且对数据的处理也要科学合理，对数据的精确度要有足够的重视。把 dwg 的文件转换成 dxf 的文件，为进一步的处理做好准备。其次，设计工步，进行编程，生成机器码，对控制器进行编写程序，当然通常这些都由机器完成。对数控系统初始化，试运行，以及对管理系统的输入输出检查。最后，进行数值计算。由于是自动编程，即图形交互式编程，大部分的节点、基点坐标数值都由计算机算出，只需在问答式的对话框中设好穿孔点位置、引入引出线（长度和角度）即可，根据图形界面提示，在输出代码前进行相应割嘴补偿。最后，拷盘，复查，试制。在实际的产品中一些步骤也可以删减，因为一些重复的工作可能降低效率，尤其是相似产品的大批量生产。

（二）数控火焰切割设备

1. 火焰切割原理

氧乙炔切割的原理其实就是利用氧气和炽热的金属发生氧化反应而产生的热量将金属熔化吹走，因而其进行金属切割时有一定的局限性，如果氧化反应产生的热量不够，难以熔化金属的话，那么切割便会失败。这就决定了氧乙炔火焰切割只能切割低碳钢这样的金属材料，如果对高碳钢和铸铁进行切割时，虽然也能勉强进行，但切口质量会受到影响而变差。

2. 常见的数控火焰切割设备

常见的数控火焰切割设备如图 3-3 至图 3-5 所示。

图 3-3　数控龙门式火焰切割机

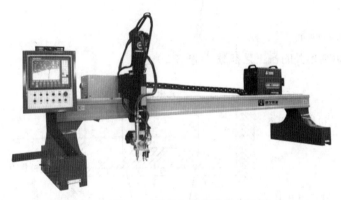

图 3-4　数控火焰切割机

图 3-5　大型数控龙门式火焰切割机

二、数控激光切割机床

（一）影响切割的因素，即切割工艺与下述因素关系紧密

1. 激光模式

2. 激光功率

3. 焦点位置

4. 喷嘴高度

5. 喷嘴直径

6. 辅助气体

7. 辅助气体纯度

8. 辅助气体流量

9. 辅助气体压力

10. 切割速度

11. 板材材质

12. 板材表面质量

（二）与切割相关的各工艺参数（图3-6）

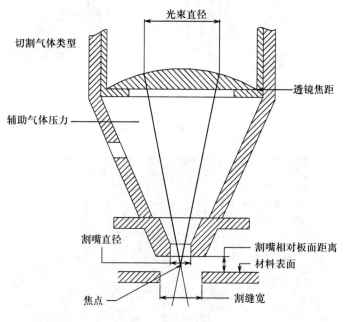

图 3-6　切割工艺参数

1. 激光器模式

激光器的模式对切割影响很大，切割时要求到达钢板表面的模式较好。这与激光器本身的模式和外光路镜片的质量有直接的关系。

2. 焦点位置

（1）焦点位置是一个关键参数，应正确调节焦点位置（表3-1，表3-2）。

表3-1　焦点位置与切割面的关系

焦点位置	示意图	特征
零焦距焦点在工件表面	喷嘴　切幅	适用于5 mm以下薄碳钢等。（切断面） 焦点在工件上表面，所以切割光滑，下表面则不光滑。
负焦距焦点在工件表面下	喷嘴　切幅	铝材、不锈钢等工件采用这种方式。（切断面） 焦点在中央，因此平滑面范围较大，切幅比零焦距的切幅宽，切割气体流量较大，穿孔时间较零焦距长。
正焦距焦点在工件表面上	喷嘴　切幅	切割厚钢板时采用。厚钢板切断时，切断用氧气的氧化作用必须从上面到底面。因厚板之故切幅要宽，这样的设定可得较宽的切幅。切断面和瓦斯切断类似，可以说是用氧气吹断，因此断面较粗糙。

表3-2　焦点位置对切割断面的影响

表面1.5 mm上	表面0.5 mm上	表面2.5 mm上

（2）焦点寻找

焦点调试方法：

①将割嘴拿下，将z轴降到板面上2~3 mm。

②速率倍率100%，执行程序P000001。

③移动y轴到划痕最细点。

④焦点位置为$z=Z+Y\times0.3$　z：焦点位置z轴坐标。　Z：当前z轴坐标。　Y：当前y轴坐标。

⑤装上割嘴，将焦点微调调至刻度5，执行随动。

⑥调节焦点，使其Z轴坐标达到4的值，再锁紧。

⑦此时焦点调节为板面0。

3. 喷嘴

喷嘴形状、喷嘴孔径、喷嘴高度（喷嘴出口与工件表面之间的距离）等，均会影响切割的效果（图3-7）。

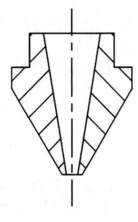

图 3-7　喷嘴

（1）喷嘴的作用

①防止熔渍等杂物往上反弹，穿过喷嘴，污染聚焦镜片（图3-8，图3-9）。

②控制气体扩散面积及大小，从而控制切割质量。

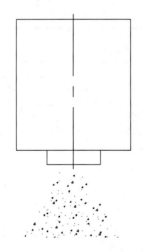

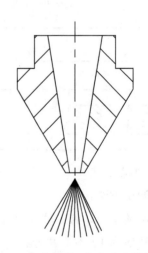

图 3-8　没有喷嘴时，气体喷出的情况　　　　图 3-9　有喷嘴时，气体喷出的情况

（2）喷嘴与切割品质的关系　喷嘴出口孔中心与激光束的同轴度是影响切割质量优劣的重要因素之一，工件越厚，影响越大。

当喷嘴发生变形或有熔渍时，将直接影响同轴度。故喷嘴应小心保存，避免碰伤以免造成变形。喷嘴形状和尺寸的制造精度高，安装时应注意方法正确。

如果喷嘴的状况不良，需要改变切割时的各项条件，那就不如更换新的喷嘴。

如果喷嘴与激光不同轴，将对切割质量产生如下影响。

（3）喷嘴对切割断面的影响　当辅助气体从喷嘴吹出时，气量不均匀，出现一边有熔渍，另一边没有的现象。对切割 3 mm 以下薄板时，影响较小；切割 3 mm 以上时，影响较严重，有时无法切透（图 3-10）。

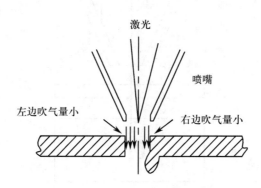

图 3-10　同轴度对切割断面的影响

（4）喷嘴对尖角的影响　工件有尖角或角度较小时，容易产生过熔现象，厚板则可能无法切割。

（5）喷嘴对穿孔的影响　穿孔不稳定，时间不易控制，对厚板会造成过熔，且穿透条件不易掌握。对薄板影响较小。

（6）喷嘴孔与激光束同轴度的调整　喷嘴孔与激光束的同轴度的调整步骤如下：

①在喷嘴的出口端面涂抹印泥（一般以红色为好），将不干胶带贴在喷嘴出口端面上（图 3-11）。

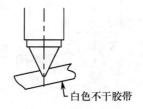

图 3-11　调整同轴

②用 10～20 W 的功率，手动打孔。

③取下不干胶纸，注意保持其方向，以便与喷嘴相比照。正常情况下，不干胶纸上会留下一个黑点，是被激光烧损的。但如果喷嘴中心偏离激光束中心过大时，将无法看到这个黑点（激光束射到了喷嘴的壁上）（图 3-12）。

如果打出的中心点时大时小，请注意条件是否一致，聚焦镜是否松动（图 3-13）。

注意观察黑点偏离喷嘴中心的方向，调整喷嘴位置（图 3-14）。

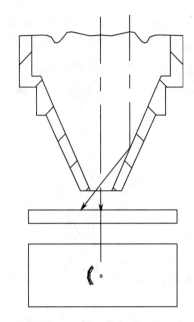

图 3-12　喷嘴偏离太大

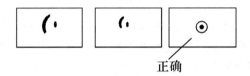

正确

图 3-13　聚焦镜松动

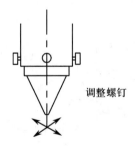

调整螺钉

图 3-14　调整喷嘴位置，与激光束同轴

（7）喷嘴孔径　孔径大小对切割质量和穿孔质量有关键性的影响。

如果喷嘴孔径过大，切割时四处飞溅的熔化物，可能穿过喷嘴孔，从而溅污镜片。孔径越大，概率越高，对聚焦镜保护就越差，镜片寿命也就越短（表 3-3，表 3-4）。

表 3-3　喷嘴孔径的比较

喷嘴孔径	气体流速（量）	熔融物去除能力
小	快	大
大	慢	小

表 3-4　喷嘴 $\phi 1$、$\phi 1.5$ 的差异

喷嘴直径	薄板（3 mm 以下）	厚板（3 mm 以上） 切割功率较高，散热时间较长， 切割时间亦较长
$\phi 1$	切割面较细	气体扩散面积小，不太稳定，基本可用
$\phi 1.5$	切割面较粗，转角地方易有熔渍	气体扩散面积大，气体流速较慢，切割时较稳定

（8）喷嘴高度的调整

喷嘴高度即喷嘴出口与工件表面之间的距离（图 3-15）。

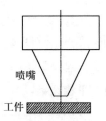

图 3-15　喷嘴高度

调节 EG495 调节盒上带刻度电位器，其刻度基本上代表喷嘴与板面之间的距离（0.5～10 mm）。比如，刻度为 1.5，喷嘴与板面之间的距离为 1.6 mm 左右。

（9）随动传感器　随动传感器的调整，务必按照要领进行。

（10）切割速度

①如果切割速度过快，可能会造成以下后果：a. 可能无法切透，火花乱喷。b. 有些区域可以切透，但有些区域无法切透。c. 整个断面较粗，但不产生熔渍。d. 切割断面呈斜条纹路，且下半部产生熔渍（图 3-16）。

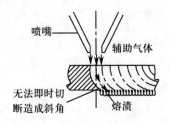

图 3-16　速度过快

②如果切割速度太慢，可能造成以下后果：a. 造成过熔，切断面较粗糙。b. 切缝变宽，尖角部位整个熔化。c. 影响切割效率。

③确定适当的切割速度：从切割火花判断进给速度可否增快或减慢。

a. 火花由上往下扩散，则说明切割速度正常（图3-17）。

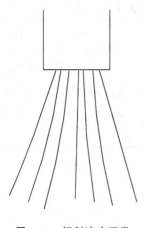

图 3-17　切割速度正常

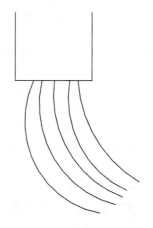

图 3-18　切割速度过快

b. 火花若倾斜时，则说明切割速度过快（图3-18）。

c. 火花呈现不扩散且少，聚集在一起，则说明切割速度过慢（图3-19）。

d. 进给速度适当：切割面呈现较平稳线条，且下半部无熔渍产生（图3-20）。

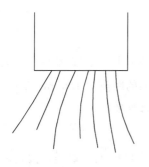

图 3-19　切割速度过慢

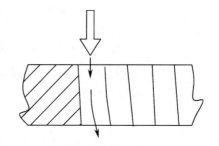

图 3-20　进给速度正常

（11）切割辅助气体

①选择切割辅助气体的种类和压力时，应从以下几方面考虑：a. 一般使用氧气切割普通碳钢，低压打孔，高压切割。b. 一般使用空气切割非金属，低压和高压的压力可调为一样，打孔时间设为0。c. 一般使用氮气切割不锈钢等，低压氧气打孔。d. 气体纯度越高，切割质量越好。切割低碳钢板纯度至少99.6％以上，切割12 mm以上碳钢板建议氧气纯度99.9％以上。切割不锈钢板氮气纯度应达到99.6％以上。氮气纯度越高，切割断面质量越好。如果切割用气体纯度把握不准，不但影响切割质量，而且

会造成镜片的污染（图3-21）。

②辅助气体对切割质量的影响：a.气体有助于散热及助燃，吹掉熔渍，改善切割面品质。b.气体压力不足时，切割面产生熔渍，切割速度无法增快，影响效率（图3-22）。c.气体压力过高时，切割面较粗，且缝较宽（图3-23）。d.气流过大时，造成切断部分熔化，无法形成良好切割质量。

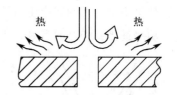

图3-21　切割用气体纯度把握不准

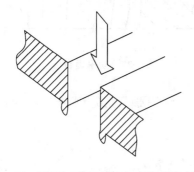

3-22　辅助气体对切割质量的影响

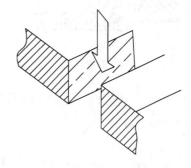

图3-23　气体压力过高的影响

③辅助气体对穿孔的影响：a.气体压力过低时，不易穿透，时间增长。b.气体压力太高时，造成穿透点熔化，形成大的熔化点。所以薄板穿孔的压力较高，厚板则较低。

④切割有机玻璃时的辅助气体：有机玻璃属于易燃物，为了得到透明光亮的切割面，所以选用氮气或空气，阻燃。如果选用氧气，则切割质量不够好。必须在切割时根据实际情况进行选择合适的压力。气体压力越小，切割光亮度越高，产生的毛断面越窄。但气体压力过低，造成切割速度慢，板面下出现火苗，影响下表面质量。

（12）激光功率　激光功率对切割过程和质量有决定性的影响。

①功率太小无法切割（图3-24）。

②功率过大，整个切割面熔化（图3-25）。

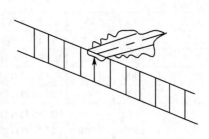

图3-24　功率太小

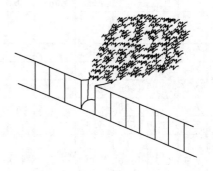

图3-25　功率过大

③功率不足，切割后产生熔渍（图 3-26）。

④功率适当，切割面良好，无熔渍（图 3-27）。

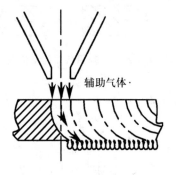

辅助气体·

图 3-26 功率不足

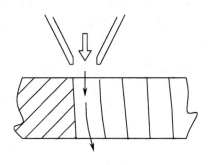

图 3-27 功率适当

（13）切割工艺参数表 以下切割参数仅供参考，应根据实际情况调整（表3-5 至表3-14）。

ROFIN 激光器

表 3-5 DC015 切割不锈钢

原料厚度/mm	焦距长度/in	焦点位置/mm	激光功率/W	切割速度/(m/min)	引入线速度/(m/min)	气体压力 N_2/bar	喷嘴/mm	喷嘴板距/mm	穿孔子程序	穿孔时间/PLCR1	穿孔脉冲
1	7.5	～0.5	1500	5	3	10	1.5	0.8	9005	10	P0(CW)
2	7.5	～1	1500	4	2.5	12	1.5	0.8	9005	20	P0(CW)
3	7.5	～3	1500	1.6～1.8	0.2	15	2	0.8	9008	50	P0(CW)
4	7,5	～4	1500	1.4	0.15	17,5	2	0.8	9008	200	P0(CW)

注：在材料参数中必须把小于等于 2 mm 的不锈钢穿孔子程序设为 9005，引入线速度为切割速度的 60%，大于2 mm 的不锈钢穿孔子程序设为 9008，引入线速度为切割速度的 10%（1 in＝2.54 cm）。在机器型号中，氧气切割全部厚度板和高压氮气切割≤2 mm 板要选择 SLCF-L1530（N）型号的机器，高压氮气切割＞2 mm 板要选择 SLCF-L1530-N-Stainless 型号的机器。

表 3-6 DC015 切割低碳钢

原料厚度/mm	焦距长度/in	焦点位置/mm	激光功率/W	切割速度/(m/min)	引入线速度/(m/min)	穿孔气压 O_2/bar	切割气压 O_2/bar	喷嘴/mm	喷嘴板距/mm	穿孔子程序	穿孔时间/PLCR1	穿孔脉冲（满功率）
1	7.5	0	750/1500	4/5	-	-	3/1.5	1.5	1	9001	10	P0(CW)
2	7.5	0	800	3.5	-	-	2	1.5	1	9001	20	P0(CW)
3	7.5	0	900	3	-	-	1.5	1.5	1	9001	100	P0(CW)
4	7.5	1	1500	2.5	-	0.8	1.2	1.5	1	9002	300	P3(35 Hz,18%)
5	7.5	1	1500	2	-	0.8	1	1.5	1	9002	1000	P3(35 Hz,18%)
6	7.5	2	1500	1.8	-	0.8	1.2	1.5	1	9002	2000	P3(35 Hz,18%)
8	7.5	2.5	1500	1.3	-	0.8	0.9	1.5	1	9003	4000	P3(35 Hz,18%) P2(35 Hz,25%) P1(35 Hz,33%)

续表 3-6

原料厚度/mm	焦距长度/in	焦点位置/mm	激光功率/W	切割速度/(m/min)	引入线速度/(m/min)	穿孔气压O_2/bar	切割气压O_2/bar	喷嘴/mm	喷嘴板距/mm	穿孔子程序	穿孔时间/PLCR1	穿孔脉冲(满功率)
10	7.5	3	1500	1,1	-	0.7	0.8	2	1	9003	5 000	同上
12	7.5	3.5	1500	0.8	-	0.7	0.7	2	1	9003	8 000	同上

表 3-7　DC025 切割不锈钢

原料厚度/mm	焦距长度/in	焦点位置/mm	激光功率/W	切割速度/(m/min)	引入线速度/(m/min)	气体压力N_2/bar	喷嘴/mm	喷嘴板距/mm	穿孔子程序/PLCR1	穿孔时间	穿孔脉冲
1	7.5	(0	2400	8~10	8~10	10~12	1,5	0,8	9005	10	P0(CW)
2	7.5	~1.5	2400	5.0~7.0	0.5	15	1,5	0,8	9005	10	同上
3	7.5	~3	2400	3.5~4.0	0.3	15	2	0.8	9008	50	同上
4	7.5	~4	2400	2.5	0.2	17.5	2	0,8	9008	200	同上
5	7.5	~5	2400	1800	0.16	18	2	0.8	9008	500	同上
6	7.5	~6~ ~7	2400	1100	0.15	20	2	0.8	9008	1000	同上

表 3-8　DC025 切割 $AlMg_3$

原料厚度/mm	焦距长度/in	焦点位置/mm	激光功率/W	切割速度/(m/min)	引入线速度/(m/min)	气体压力N_2/bar	喷嘴/mm	喷嘴板距/mm	穿孔子程序	穿孔时间/PLCR1	穿孔脉冲
1	7.5	~1	2500	5	3	12	1.5	1.5	9005	10	P0(CW)
2	7.5	~2.5	2500	4	2.5	15	1.5	1.5	9008	10	P0(CW)
3	7.5	~3.5	2500	2.5	0.2	16	2	1.5	9008	50	P0(CW)

注：在材料参数中必须把≤2 mm的不锈钢穿孔子程序设为9005，引入线速度为切割速度的60%，>2 mm的不锈钢穿孔子程序设为9008，引入线速度为切割速度的10%。在机器型号中，氧气切割全部厚度板和高压氮气切割≤2 mm板要选择 SLCF-L1530（N）型号的机器，高压氮气切割>2 mm板要选择 SLCF-L1530-N-Stainless 型号的机器。

表 3-9　DC025 切割低碳钢

原料厚度/mm	焦距长度/in	焦点位置/mm	激光功率/W	切割速度/(m/min)	引入线速度/(m/min)	穿孔气压O_2/bar	切割气压O_2/bar	喷嘴/mm	喷嘴板距/mm	穿孔子程序	穿孔时间/PLCR1	穿孔脉冲(满功率)
1	7.5	0	750/2 200	5/6	-	-	3/1.5	1.5	1.5	9001	10	P0(CW)
2	7.5	0	800	4	-	-	2	1.5	1.5	9001	20	P0(CW)
3	7.5	0	900	3	-	-	1.5	1.5	1.5	9001	100	P0(CW)
4	7.5	1	1500	2.5	-	0.8	1.2	1.5	1.5	9002	300	P3(35 Hz,15%)
5	7.5	1	1500/2500	2/2.5	-	0.8	1/0.8	1.5	1.5	9002	1000	P3(35 Hz,15%)

续表 3-9

原料厚度/mm	焦距长度/in	焦点位置/mm	激光功率/W	切割速度/(m/min)	引入线速度/(m/min)	穿孔气压O₂/bar	切割气压O₂/bar	喷嘴/mm	喷嘴板距/mm	穿孔子程序	穿孔时间/PLCR1	穿孔脉冲（满功率）
6	7.5	2	1500	1.8	-	0.8	1	1.2	1.5	9002	2 000	P3(35 Hz,15%)
8	7.5	2.5	1500	1.3	-	0.8	0.9	1.5	1.5	9003	4 000	P3(35 Hz,15%) P2(35 Hz,18%) P1(40 Hz,22%)
10	7.5	3	1700	1.2	-	0.8	0.7	2	1.5	9003	5 000	同上
12	7.5	3.5	1600	1	-	0.7	0.7	2	1.5	9003	6 000	同上
14	7.5	4	1800	0.9	-	0.7	0.7	2	1.5	9003	7 000	同上
16	7.5	5	2000	0.7	-	0.7	0.6	2	1.5	9003	8 000	同上

PRC 激光器

PRC 激光器切割不锈钢

不锈钢厚度—切割速度曲线如图 3-28 所示。

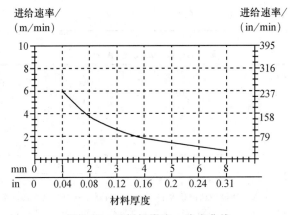

图 3-28　不锈钢厚度—速度曲线

表 3-10　PRC 激光器切割不锈钢参数表

不锈钢厚度/mm	1	2	3	4	5	6	8
光束直径/mm	19	19	19	19	19	19	19
辅助气体/压力（bar）	N₂/8	N₂/10	N₂/13	N₂/15	N₂/17	N₂/18	N₂/20
透镜焦距/mm	5	5	5	5	5	5	7.5
喷嘴直径/mm	1.5	2	2	2	2	2	2.5
喷嘴高度/mm	1	1	0.8	0.8	0.8	0.8	0.8
割缝宽/mm	0.1	0.1	0.12	0.12	0.12	0.12	0.12
焦点位置/mm	−0.5	−1	−2	−3	−3.5	−4.5	−6

续表 3-10

穿孔	激光模式	SP	SP	SP	SP	SP	SP	SP
	频率/Hz	200	200	200	250	250	250	250
	功率/W	600	800	800	1100	1100	1350	1350
	占空比/%	20	25	25	25	25	25	25
	停延时间/s	0.2	0.2	0.5	1	1	1	2
	焦点/mm	−0.5	−1	−2	0	0	0	0
	辅助气体 O_2 压力/bar	1	1	1	2	1	1	1
小圆	激光模式	SP	SP	SP	CW	CW	CW	CW
	频率/Hz	200	750	750				
	功率/W	800	1200	120	15000	1500	1800	2200
	占空比/%	25	50	55				
	速度/(mm/min)	500	1300	1000	900	700	800	500
大圆	激光模式	CW	CW	CW	CW	CW	CW	CW
	功率/W	1200	1500	1500	2200	2200	2200	2200
	速度/(mm/min)	3000	2500	1800	1600	1300	1000	500
切割	激光模式	CW	CW	CW	CW	CW	CW	CW
	功率/W	800	1100	1800	1800	1800	1500	1500
	速度/(mm/min)	1500	2000	2500	1350	1100	500～800	275
	激光模式	CW	CW	CW	CW	CW	CW	CW
	功率/W	1500	1800	2200	2200	2200	2200	1800
	速度/(mm/min)	4000	3500	2700	1600	1300	1000	350
	激光模式	CW	CW					CW
	功率/W	1800	2200					2200
	速度/(mm/min)	5600	3750					500
	激光模式	CW						
	功率/W	2200						
	速度/(mm/min)	6000						

注:CW——连续波 SP——超强脉冲 GP——门脉冲

注意事项:

a. 在最高切割速度下,边缘修整质量和辅助气体压力取决于材料的合金成分、辅助气体的纯度。

b. 氧气切割完成后,必须净化氧气(将氮气充入气路片刻);否则,氧气与氮气混合后,会导致切割边缘呈蓝色或褐色。

c. 如果切割厚度≥4 mm,切割 φ1.5 mm 孔时,应使用小孔切割参数,氧气压力 4 bar(60 PSI),或开始切割时减速(正常切割速度的 20%～30%)。

d. 小孔是指直径≤5 mm(板厚≤3 mm)或直径不大于板厚的孔(板厚>3 mm)。

e. 大孔是指直径>5 mm(板厚≤3 mm)或直径大于板厚的孔(板厚>3 mm)。

PRC 激光器切割低碳钢

低碳钢厚度—切割速度曲线如图 3-29 所示。

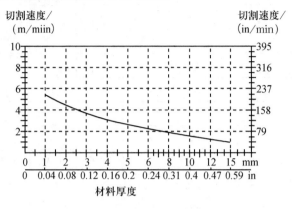

图 3-29　低碳钢厚度—速度曲线

表 3-11　PRC 激光器低碳钢切割参数表

低碳钢厚度/mm		1	2	3	4	5	6	8	10	12	15
光束直径/mm		19	19	19	19	19	19	19	19	19	19
辅助气体/压力(bar)		$O_2/1.5$	$O_2/2$	$O_2/1$	$O_2/0.8$	$O_2/0.8$	$O_2/0.7$	$O_2/0.7$	$O_2/0.6$	$O_2/0.6$	$O_2/0.6$
透镜焦距/mm			5	5	5	5	5	5	5	5	5
喷嘴直径/mm		1.5	1.5	1.5	1.8	1.8	1.8	1.8	2	2	2
喷嘴高度/mm		1	1	1	1	1	1	1	1.7	2	2
割缝宽度/mm		0.1	0.12	0.12	0.12	0.12	0.12	0.15	0.15	0.15	0.15
焦点位置/mm		0	0	0	0	1	1	1	1.7	2	2
穿孔	激光模式										
	频率/Hz							150	150	150	150
	功率/W							1400	1400	1450	1600
	起始占空比/%							15	15	17	20
	结束占空比/%							35	35	40	50
	脉冲时间/s							1	0.5	0.6	0.5
	辅助气体 O_2 压力/bar							0.7	0.7	0.7	0.7
穿孔	激光模式	GP	GP	GP	GP	GP	GP	GP	GP	GP	GP
	频率/Hz	100	200	200	200	250	250	400	350	150	150
	功率/W	600	1000	1000	1300	1500	1500	1600	1300	1700	1800
	占空比/%	10	20	35	35	30	35	35	35	35	40
	上升时间/s				0.5	0.5	0.5	2.5	5	7	8
	停延时间/s	0.1	0.3	0.5	0.8	0.8	1	4	7	10	12
	辅助气体 O_2 压力/bar	1	1	0.8	0.8	0.8	0.8	0.7	0.7	0.7	0.7

续表 3-11

小孔	激光模式	GP	GP	GP	GP	GP	GP	GP	GP	GP	GP
	频率/Hz	100	100	100	100	50	50	30	30	30	30
	功率/W	500	800	800	1 000	1 000	1 000	1 350	1 450	1 450	650
	占空比/%	25	35	40	35	30	35	35	35	35	35
	速度/(mm/min)	500	500	500	500	200	200	125	100	70	70
中孔	激光模式	GP	GP	GP	GP	GP	GP	GP	CW	GP	GP
	频率/Hz	250	300	150	100	80	120	150		30	30
	功率/W	500	800	800	1 300	1 000	1 300	1 150	1 500	1 450	1 650
	占空比/%	40	45	60	60	60	65	65		35	35
	速度/(mm/min)	1 000	1 500	1 000	1 100	900	900	600	900	70	70
中孔	激光模式	GP	GP	GP	GP	GP	GP	CW	GP	GP	GP
	频率/Hz	900	900	1 000	300	250	250		150	150	150
	功率/W	600	850	1 000	1 300	1 000	1 300	1 250	1 500	1 500	1 800
	占空比/%	70	90	90	90	90	90		97	97	97
	速度/(mm/min)	3 000	3 000	2 300	1 900	1 400	1 500	1 150	900	700	700
切割	激光模式	GP	CW	GP	GP	GP	GP	CW	CW	CW	CW
	频率/Hz	1 000		1 000	500	250	300				
	功率/W	900	900	1 100	1 400	1 300	1 400	1 450	1 500	1 500	1 800
	占空比/%	85		95	98	95	98				
	速度/(mm/min)	4 000	3 600	2 800	2 500	1 800	1 700	1 150	1 000	750	750
	激光模式	GP	GP	CW	GP	GP	GP	GP/CW	GP/CW	GP/CW	CW
	频率/Hz	1 500	1 000		500	250	300	150/—	150/—	150/—	
	功率/W	1 000	900	1 300	1 800	1 500	1 500	1 800	1 800	1 800	2 200
	占空比/%	90	90		98	98	98	97/—	97/—	97/—	
	速度/(mm/min)	5 000	3 600	3 200	3 000	2 000	1 800	1 400	1 200	900	850
	激光模式	CW	CW	CW/GP	GP	GP	GP	CW	CW	CW	
	频率/Hz			—/1 000	500	300	300				
	功率/W	1 100	1 000	1 800	2 000	1 800	1 800	2 000	2 000	2 000	
	占空比/%			—/95	98	98	98				
	速度/(mm/min)	5 500	4 000	3 500	3 200	2 400	2 100	1 600	1 300	1 000	
	激光模式		CW	CW/GP		GP	GP				
	频率/Hz			—/1 000		300	300				
	功率/W		1 200	2 000		2 000	2 000				
	占空比/%			—/95		98	98				
	速度/(mm/min)		4 400	3 700		2 600	2 300				

续表 3-11

拐角	激光模式	GP	GP	GP	GP	GP	GP	GP	GP	GP	GP
	频率/Hz	600	300	250	300	150	300	150	30	20	30
	功率/W	500	800	900	1100	1000	1100	1150	1450	1300	1650
	占空比/%	70	75	90	90	90	90	65	35	30	35
	速度/(mm/min)	2500	1500	2000	1400	1300	1100	600	100	150	70

注:CW——连续波　SP——超强脉冲　GP——门脉冲

注意事项:

a. 最大切割速度和辅助气体的压力取决于材料的合金成分和辅助气体的纯度。

b. 当用占空比循环步进技术对 10、12、15 mm 钢板穿孔时,第一步应首先用 1000 W/150 Hz/15% 占空比/1 s 来避免爆裂。

c. 在轮廓切割状态下,扩孔时需在最后一个脉冲前延时 1.5 s。

CP 激光器

CP4000 激光器切割碳钢

表 3-12　CP4000 激光器碳钢切割参数表

厚度 /mm	1.2	3.0	4.0	6.4	7.5	12.7	14.7	19.1
厚度/in	0.05	0.12	0.16	0.25	0.30	0.50	0.58	0.75
穿孔时间/ms	50	800	1.600	2.000	3.200	6.200	7.700	14.200
切割速度/(in/min)	200	105	95	65	60	42	35	28
切割速度/(mm/min)	5080	2667	2413	1651	1524	1067	889	711
切割速度/(in/min)	250	130	110		75		38	30
切割速度/(mm/min)	6350	3302	2794		1905		965	762
激光模式	CW	CW	CW	CW	CW	CW	CW	CW
激光功率/W	1200	1200	1500	1500	1800	2100	2400	3200
辅助气体	O_2	O_2	O_2	O_2	O_2	O_2	O_2	O_2
气体压力/bar	1.4	1.2	1.0	0.8	0.7	0.5	0.5	0.4
喷嘴高度/mm	1.2	1.2	1.2	2.0	2.0	2.0	2.0	2.0
焦点位置/mm	0.0	0.2	0.3	0.5	1.0	2.4	2.4	3.2
引入切割速度/%	0	0	0	0	0	90	95	95
延时/ms	0	200	600	600	800	1000	1500	2000

CP4000 激光器切割不锈钢

表 3-13　CP4000 激光器不锈钢切割参数表

厚度/mm	1.2	2.0	4.3	6.4	8.4	9.5	12.0
厚度/in	0.05	0.08	0.17	0.25	0.33	0.38	0.500
穿孔时间/ms	20	40	400	500	1.000	1.500	2.000
切割速度/(in/min)	250	180	110	80	60	45	
切割速度/(mm/min)	6 350	4 572	2 794	2 032	1 524	1 118	500
切割速度/(in/min)	400	250	120	85	60	50	
切割速度/(mm/min)	10 160	6 350	3 048	2 159	1 524	1 270	500
激光模式	CW	CW	CW	CW	CW	CW	CW
激光功率/W	2 000	2 000	4 000	3 700	4 000	3 700	4 000
辅助气体	N_2	N_2	N_2	N_2	N_2	N_2	N_2
气体压力/bar	6.0	8.0	14.0	15.0	19.0	19.0	22.0
喷嘴高度/mm	0.8	0.8	0.8	0.8	0.8	0.8	0.4
焦点位置/mm	−0.5	−1.0	−3.0	−5.2	−6.0	−7.0	−12.0
引入切割速度/%	100	100	50	50	50	50	50
延时/ms	0	0	400	500	750	750	750

CP4000 激光器切割铝合金（$AlMg_3$）

表 3-14　CP 激光器铝合金（$AlMg_3$）切割参数表

厚度/mm	1.6	3.2	6.4
厚度/in	0.06	0.13	0.25
穿孔时间/ms	50	400	500
切割速度/(in/min)	250	140	50
切割速度/(mm/min)	6 350	3 556	1 270
切割速度/(in/min)	400	140	60
切割速度/(mm/min)	10 160	3 556	1 524
激光模式	CW	CW	CW
激光功率/W	2 000	4 000	3 500
辅助气体	N_2	N_2	N_2
气体压力/bar	6.0	12.0	14.0
喷嘴高度/mm	0.8	0.8	0.8
焦点位置/mm	～0.5	～1.8	～5.5
引入切割速度/%	100	100	50
延时/ms	0	0	500

【业务经验】

一、使用数控火焰切割设备的经验技巧

结合数控切割机本身的工艺特点，制订正确合理的切割工艺，保证切割质量，提高生产效率。

（一）割嘴的选择

根据使用的燃气种类、割炬类型、切割工件厚度，按 GB 5108—1985《等压式焊炬、割炬标准》，BG 5110—1985《射吸式割炬标准》，JB 3174—82《快速割嘴标准》选择适合的割嘴。

（二）切割速度的选定

根据工件厚度，选择预热时间及切割速度。板厚越大，所需穿孔时间、切割预热时间越长，所用的切割速度应该越慢。

（三）穿孔点位置的确定和切割方向的选择

这里所讲的穿孔点是指火焰在钢板上切割需要引割一段距离，以防止穿孔损害零件表面。

（四）穿孔点位置确定的原则

（1）防止由于热变形引起的零件移位，影响零件的尺寸精度。

（2）多个零件套料切割时，综合考虑各个零件的引割位置，防止工件之间由于热应力造成的互相影响，减少空走时间，提高效率。

（3）切割板厚大于 60 mm 的零件时，从板的边缘引割，省去穿孔，降低割嘴损耗，节省手工穿孔时间。

（4）切割方向的选择主要需考虑热变形造成的影响。由于数控切割机严格按照 X、Y 坐标中的封闭曲线图形来切割，因此切割方向只有顺时针和逆时针两种。

切割过程中，密切注意切割机运行状况，一旦发生故障，充分运用中断退出、断点返回等功能，保证切割工艺的顺利执行。

（五）利用编程套料软件改善切割工艺

随机配有编程套料软件，通过人机对话简便的 CAD 绘图方式为复杂的零件进行编程，并对相同材质、相同板厚的多个不同零件在同一钢板上进行套料。以下几个常用功能有助于改善和完备切割工艺。

（1）移动 通过该命令可以任意改变钢板上的零件的位置、角度，经过套料使钢板利用率达到最高。

（2）穿孔、排序和换向 通过交互套料模块中的穿孔、排序和换向功能，可以任意确定和改变穿孔点位置、引入弧长度、零件切割方向和各零件之间的切割顺序关系，从而使切割工艺更加合理。

（3）连割　借助该功能可减少穿孔时间，尤其适用于中厚板切割，只需一次穿孔就可连续切割。

（4）借边　对相同零件或不同零件的同形等长边进行借边套料。经过排序、穿孔、换向、连割等程序后使用借边程序，可以少割或不割一条或数条曲线边，减轻零件热变形，减少切割和空程时间，提高切割质量和效率。

总之，合理应用编程套料系统不仅可以切割非常复杂的零件，更能进一步完善切割工艺。

（六）　数控切割机的操作、维护对于切割工艺有着特殊意义

（1）数控切割机技术含量较高，对操作人员要求也较高。操作者需具备计算机基础知识，有一定切割工艺常识，并经专门培训后方可上岗操作。

（2）编程人员，要求具有计算机知识、机械制图知识，并具备一定工艺能力，也要接受相关培训。

（3）数控切割机是精密加工设备，要经常维护保养，否则产生运行不良，速度不稳，甚至死机等状况，会严重影响切割工艺的顺利执行。尤其在不良工况下，有时数控系统会频繁发生故障或微机死机，造成异常中断，这时断续切割就面临着繁琐的复割点对位。有时对位不准，容易引起零件的超差甚至报废。

因此要根据实际工况确定不同的切割工艺。切割机运行状况正常时，可以进行大批量、多工件的批量切割，把多个零件在一张大钢板上进行套料，整体切割；而当切割机运行状况不稳定时，就要分批分次切割，可以把一张已套好多个零件的大钢板分为几个小部分，然后逐次切割。

（七）　数控切割编程工艺分析与技巧

在金属结构件制造中，许多构（零）件形状比较复杂或不规则，数控切割机床的出现使得这些零件的加工成为可能，切割程序是数控切割机的指挥中枢，编程人员在电脑上进行绘图、套料、编程，生成数控切割指令，然后输入切割机，机器接受"命令"去实现人的"意图"。因此编程技术的优劣直接影响切割的质量和效率，好的程序可以做到：同样板材尺寸切的零件更多、相同切割任务切得更快、同样切割设备切得更好、同样切割方法切得更省。概括来说就是四个字"多、快、好、省"。

目前工厂里使用的套料软件多分为三大模块：Fast CAM：CAD 优化处理；Fast NEST 设置切割路径、套料生成程序；Fast PLOT 模拟切割、校验。本文将对编程过程经常遇到的一些工艺性问题进行分析，并针对问题找出相应的解决办法，探索几点对于数控切割质量、效率有所提高的技巧。

1. 合理选择引入点（打火点）

引入点是数控切割机在钢板上穿孔切割的起始点，由于切割过程中首先规定了切

割的方向（顺、逆时针），在切割过程中会出现因引入点设置不当，工作台面无法完全承托零件造成移位、跑偏、落空等现象，直接影响切割质量和零件合格率。因此在选择引入点时，应遵循工件未切割边在切割过程中尽可能地与大板相连，减少因零件自身重量和热变形产生的位移而导致的切割不精确。

2. 共边与连续切割

共边切割与连续切割不仅可以提高钢材的利用率、节省钢材，而且可以减少穿孔次数，节省预热穿孔时间，提高切割效率。连续切割功能可以替代桥接功能，使相邻的几个零件做到连续切割，避免了预热穿孔，从而有效节省割嘴、预热氧，提高切割效率，节省耗材。

3. 切割顺序的选择

切割顺序是指对钢板上若干大小嵌套的套排零件依次进行切割的顺序，根据零件的形状，分析其切割时的变形特点，确定合理的切割顺序可使零件受热均匀，零件内部受力相互牵制，这就减少了变形。切割顺序一般应遵守以下原则：先内后外，先小后大，先圆后方，交叉跳跃，先繁后简等。假如后割内轮廓、小零件，会造成定位不可靠，产生移位，导致零件精度降低。

4. 切割方向的影响

正确的切割方向应该保证每条割边最后才与母板大板部分脱离，如果过早的与母板大板脱离，则零件周边的余料角框刚性无法抵抗切割过程中出现的热变形，造成切割件在切割过程中产生位移而变形，这也会导致切割精度降低。

5. 平滑过渡切割

在切割直角零件时，尖锐过渡的方式容易产生过烧的现象，实质是切割进行到拐角尖时有一个速度下跌甚至停顿而引起。这种情形致使切割零件尺寸超差，机床寿命也受影响。避免的方法是编程时将角部更改为一个微小圆弧，使其变为平滑过渡形式，可较好的提高切割质量，且对保护机床也有很大好处。

6. 热变形与跑偏控制

在火焰切割过程中，由于板材的热胀冷缩、零件受热不均匀和零件形状特异、打火点设置不当等原因，极易造成零件热变形和跑偏现象，从而影响切割精度和零件合格率。

①对于板材的热胀尺寸偏移，按照切割枪嘴线能量和长度尺寸补偿的策略，可在枪嘴较为集中影响的尺寸增加 0.5～1 mm 补偿量，具体数值掌握需结合对应设备并经长期实践获得。

②对于零件受热不均匀的情形，如在小范围单个小零件周边或大零件集中切割处，除采取尺寸补偿的办法外还可采用分散切割的方式，就是让切割不要过于集中，不要一次性全部切割完毕，可在切割一部分形状后转移到另外位置切割，而后再返回到原处切割，既保证该处温度不至于过高而导致零件热变形，也可让板材受热趋于均匀不

易发生跑偏现象，但其缺点是切割时空程增加。

7. 排版、布局合理

当多种类、多数量零件需在同一张板料上切割时，编程就需考虑合理排版、布局的问题，需统筹考虑板材尺寸和各个零件的外形尺寸，可采用多种零件混编和单个零件集中切割相结合的策略，应遵守以下原则：先排大零件后插小零件，按照板材大小先将大零件依次排列好，然后在大零件连接的余料处逐个插入小零件，这种模式可有效提高材料的利用率。

综上所述，编程的优劣对数控切割起着关键性的作用，实践中只有将丰富的切割经验和优化工艺融入程序中，针对不同零件采用对应的编程方法，在编程过程中还需对实际零件的材质、形状和用途等特征加以分析，制定最佳方案，才能控制零件变形，提高切割的精度和效率，使数控切割机的功能得到充分的发挥，真正做到"多、快、好、省"。

（八）提高切割质量的主要方法

1. 保证数控机床本身的定位精度

在正常使用中，如果工件尺寸误差如果迅速变大，具体误差量可通过在割枪上装上划针，运行标准程序进行划线检查。解决方案重点检查机床机械精度和电子精度，比如机床导轨的直线度，平行度和水平度，切割平台的水平度，还要检查伺服驱动系统等，找出误差增大原因进行解决，机床本身精度是比较容易保证的。

2. 选择合适的电流和喷嘴

首先应该保证有稳定的电压和电流。切割电流是最重要的工艺参数，其决定了切割的速度和宽度，即切割能力。在确定的电源条件下，选择适当的电流，主要是根据材料的厚度选择电流大小，在实际生产中希望用最大的电流，以达到高的切割能力，但电流过大会对切割质量造成不利影响，主要是对切口变宽的影响，切口宽度是评价切割机质量的重要参数，电流过大会使切口变宽，造成材料和能耗浪费，同时会增大工件的热变形量。对喷嘴也会产生不良影响，使喷嘴热负荷增大，喷嘴更易损伤，从而造成电弧不稳，切割质量也随之下降，因此要根据切割厚度正确选择大小合适的电流和相应的喷嘴。

3. 选择合适的切割速度

切割的材料不同，熔点不同，导热系数不同，熔化后的表面张力不同，工件厚度不同，受到以上这些因素的影响，切割速度也不相同。合适的切割速度可以改善切口质量，使切口平整，并略微变窄。切割速度如果过快会导致熔化金属不能立即吹除，会使切口表面质量下降，切割面坡度增大，出现挂渣现象，甚至切割不完全。切割速度过低的话，会使切口两侧过多金属熔化并积聚在切口底部，凝固形成难以清理的挂渣，同时切口也会变宽，甚至导致电弧熄灭。针对不同的材料，最佳的切割速度可根据设备说明和工件的实际情况来确定，也可以通过多次试验来选择合适的切割速度。

4. 工作气体压力与切割速度的匹配

在喷嘴孔径一定的情况下，工作气体压力就决定了气体流量，过大的气压会带走更多的切割火焰能量，导致切割能力下降，过小的气压使切割火焰的挺直度下降，导致切割能力下降，同时容易挂渣。工作气压和切割速度都会对切割能力产生影响，两者共同起作用，所以要使两者很好地匹配，具体气压值的确定可参考设备说明，再结合试验选择合适的气压。

二、使用数控激光切割机的经验技巧

在高功率数控激光切割成套设备开发及制造方面，经过十几年的发展，我国激光切割技术及装备从无到有，已逐步形成一定的产业规模。在中低端产品方面基本占领国内市场，并有部分产品出口。但与美国、欧盟、日本等发达国家和地区相比，我国的激光切割设备仍然停留在低端产品阶段，而且高功率激光器、激光专用控制系统、激光光束传输控制、激光切割专有技术等绝大部分核心技术还依赖进口。

随着我国船舶、汽车、航空航天、钢铁、发电设备等行业的快速发展，全球制造业的中心向我国转移，我国数控激光切割成套设备市场需求逐年增长，数控激光切割技术更以其柔韧性和灵活性在薄板加工领域逐步取代了传统加工手段。

现如今激光切割设备越来越普及，但很多学徒和企业技术人员在使用激光切割机的过程中还不是很熟练，下面就激光切割机使用技巧来与大家进行分享，希望对广大学徒和企业技术人员在使用激光切割机的时候有所帮助。

（一）经常检查激光切割机钢带，一定保证拉紧。不然在运行中出了问题，有可能就会伤到人，严重还能导致人员死亡。钢带看似小东西，出了问题还是比较严重的。

（二）每周一次用真空吸尘器吸掉机器内的粉尘和污物，所有电器柜应关严防尘。

（三）每六个月检查激光切割机轨道的直线度及机器的垂直度，发现不正常及时维护调试。没有检查，有可能切割出来的效果就不怎么好，误差会增加，影响切割质量。这个是重中之重，必须要做的。

（四）双焦距激光切割头是激光切割机上的易损物品，长期使用，导致激光切割头损坏。

（五）激光切割机各导轨应经常清理，排除粉尘等杂物，保证设备正常齿条要经常擦拭，加润滑油，保证润滑而无杂物。导轨要经常进行清理和上润滑油，还有就是电机也要经常的进行清理和上润滑油，机器在行进中就能更好的走位，更准确地切割，切割出来的产品质量就会提高。

（六）数控激光切割机的保养及维护

（1）每个工作日必须清理机床及导轨的污垢，使床身保持清洁，下班时关闭气源及电源，同时排空机床管带里的余气。

（2）每个工作日必须清理机床及导轨的污垢，使床身保持清洁，下班时关闭气源及电源，同时排空机床管带里的余气。

（3）注意观察机器横、纵向导轨和齿条表面有无润滑油，使之保持润滑良好。

（4）每周的维护与保养

①每周要对机器进行全面的清理，横、纵向的导轨、传动齿轮齿条的清洗，加注润滑油。

②检查横纵向的擦轨器是否正常工作，如不正常及时更换。

③检查所有割炬是否松动，清理点火枪口的垃圾，使点火保持正常。如有自动调高装置，检测是否灵敏、是否要更换探头。

（5）月度与季度的维护保养

①检查总进气口有无垃圾，各个阀门及压力表是否工作正常。检查各种气体压力是否在允许范围内。减压阀的维护，调节减压器，将压力表调到需用的压力，调节过程中应使压力由小到大，确保减压器能连续调节。如不能连续调节或气体从安全阀中泄漏就必须更换新的减压器。自行拆装气体减压器之零部件，将会造成设备损坏，甚至严重人身伤害。

②检查所有气管接头是否松动，所有管带有无破损。必要时紧固或更换。

③切割前必须检查所用割嘴型号是否与所用气体及欲切割钢板厚度相符，不能超范围使用割嘴。

④割炬采用专业厂家生产的机用割炬，割炬长期使用，密封面损坏，与割嘴密封不严，必须及时更换，确保正常安全使用。

⑤回火防止器是保证安全的重要部件，根据安全部门的要求，回火防止器严禁私自拆卸。因此，回火防止器使用久后气阻，保证不了气体流量要求或漏气，必须及时更换，确保正常安全使用。

⑥检查所有传动部分有无松动，检查齿轮与齿条啮合的情况，必要时作以调整。松开加紧装置，用手推动滑车，是否来去自如，如有异常情况及时调整或更换。检查夹紧块、钢带及导向轮有无松动、钢带松紧状况，必要时调整。

⑦检查强电柜及操作平台，各紧固螺钉是否松动，用干毛刷清扫一次机柜侧面过滤网上的灰尘，用吸尘器或吹风机清理柜内灰尘。

⑧检查所有按钮和选择开关的性能，损坏的更换，最后画综合检测图形检测机器的精度。每月定期对电脑进行杀毒及系统优化。

以上使用技巧是在实际的使用情况中一点一滴总结出来的，具有很高的可操作性。当然，技巧与实际情况还是有一定区别的，在使用的时候还要兼顾实际情况，一切从实际出发。

【工作程序与方法要求】

任务一：

步骤 1. 根据图样要求、毛坯及前道工序加工情况，确定工艺方案及加工路线

（1）以底面为定位基准，两侧用压板压紧，固定于工作台上

（2）确定工件坐标系和对刀点

在 XOY 平面内确定以 O 点为工件原点，Z 方向以工件表面为工件原点，建立工件坐标系。

采用手动对刀方法把 O 点作为对刀点。

步骤 2. 编写程序

按规定的指令代码和程序段格式，把加工零件的全部工艺过程编写成程序清单。该工件的加工程序如下：

（1）切割加工 $\phi 20$ mm 孔程序

%1337

N0010 G92 X5 Y5 Z5；设置对刀点

N0020 G91；相对坐标编程

N0030 G17 G00 X40 Y30；在 XOY 平面内加工

N0040 G98 G81 X40 Y30 Z~5 R15 F150；钻孔循环

N0050 G00 X5 Y5 Z50

N0060 M05

N0070 M02

（2）切割轮廓程序

%1338

N0010 G92 X5 Y5 Z50

N0020 G90 G41 G00 X~20 Y~10 Z~5 D01

N0030 G01 X5 Y~10 F150

N0040 G01 Y35 F150

N0050 G91

N0060 G01 X10 Y10 F150

N0070 G01 X11.8 Y0

N0080 G02 X30.5 Y~5 R20

N0090 G03 X17.3 Y~10 R20

N0100 G01 X10.4 Y0

N0110　　G03　　X0　　Y～25

N0120　　G01　　X～90　Y0

N0130　　G90　　G00 X5　Y5　Z10

N0140　　G40

N0150　　M05

N0160　　M30

任务二：

步骤 1. 根据图样要求、毛坯及前道工序加工情况，确定工艺方案及加工路线

（1）以已加工过的底面为定位基准，用通用台虎钳夹紧工件前后两侧面，台虎钳固定于工作台上。

（2）确定工件坐标系和对刀点　在 XOY 平面内确定以工件中心为工件原点，Z 方向以工件表面为工件原点，建立工件坐标系。

步骤 2. 编写程序

按规定的指令代码和程序段格式，把加工零件的全部工艺过程编写成程序清单。为编程方便，同时减少指令条数，可采用子程序。该工件的加工程序如下：

N0010　　G00　　Z2　　S800　　T1　　M03

N0020　　X15　　Y0　　M08

N0030　　G20　　N01　　P1.～2；调一次子程序，切深为 2 mm

N0040　　G20　　N01　　P1.～4；再调一次子程序，切深为 4 mm

N0050　　G01　　Z2　　M09

N0060　　G00　　X0　　Y0　　Z150

N0070　　M02；主程序结束

N0010　　G22　　N01；子程序开始

N0020　　G01　　ZP1　　F80

N0030　　G03　　X15　　Y0　　I～15　　J0

N0040　　G01　　X20

N0050　　G03　　X20　　YO　　I～20　　J0

N0060　　G41　　G01　　X25　　Y15

N0070　　G03　　X15　　Y25　　I～10　　J0

N0080　　G01　　X～15

N0090　　G03　　X～25　　Y15　　I0　　J～10

N0100　　G01　　Y～15

N0110　　G03　　X～15　　Y～25　　I10　　J0

N0120　　G01　　X15

N0130　G03　X25　Y～15　I0　J10

N0140　G01　Y0

N0150　G40　G01　X15　Y0

N0160　G24；主程序结束

【工作任务实施记录与评价】

一、制订 "农机具金属板材的加工" 工作计划

师傅指导记录	制订工作计划质量评价	评价成绩
		年　月　日

二、制造工艺流程记录

师傅指导记录	加工制造工艺流程评价	评价成绩
		年　月　日

三、工作过程学习记录

加工零件名称	安全教育内容	领取毛坯材料	领取毛坯尺寸	加工技术要求	技术员复核签字
加工准确性及效率评价				评价成绩	
				时　间	

四、学徒职业品质、工匠精神评价

项目	A	B	C	D
工作态度				
吃苦耐劳				
团队协作				
沟通交流				
学习钻研				
认真负责				
诚实守信				

五、学徒对工作过程的总结和反思

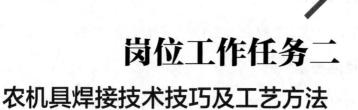

岗位工作任务二
农机具焊接技术技巧及工艺方法

【工作任务目标与质量要求】

手弧焊,平板平位单面焊双面成形。试件尺寸及要求如图 3-30 所示:

一、材料 Q235 钢板

二、尺寸:300 mm×170 mm×12 mm

三、坡口尺寸:(60°±1°) V 形坡口,钝边 0.5～1 mm

四、焊接位置:立焊

五、焊接要求:单面焊双面成形

六、焊接材料:E4303

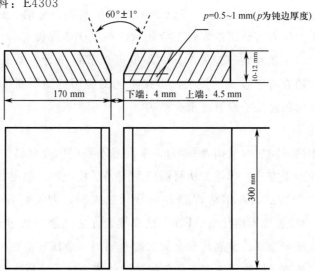

图 3-30 焊接试件尺寸

【工作任务设备和场地要求】

一、工作任务设备要求

二氧化碳保护炎焊机、普通手工焊机、氩弧焊机、焊枪、气瓶等。

二、工作任务场地要求

（一）为防止火灾和爆炸类事故的发生，在作业前应仔细检查作业场所，在企业的禁火区内严禁动火焊接。

（二）作业场所周围 10m 的范围内不得存在易燃易爆物品。

（三）在进行电焊作业时，应注意如电流过大而导线包皮破损产生大量热量，或者接头处接触不良均易引起火灾。因此作业前应仔细检查，对不良设备予以更换。

（四）应该注意在焊接和切割管道、设备时，热传导能导致另一端易燃易爆物品发生火灾爆炸，所以在作业前要仔细检查，对另一端的危险物品予以清除。

【工作任务知识准备】

农机具焊接技术技巧及工艺

（一）焊接基础

1. 焊接工艺基础

焊接是一种永久性的连接方法，广泛应用于机械制造、造船、建筑、石油化工、电力、桥梁、锅炉及压力容器制造等各工业领域，在生产中焊接有时可以取代铆、锻、铸等加工方法，制造比较复杂的金属结构，不但可以节省工时，提高产品质量，还可以节省大量材料。随着科学技术的发展，焊接工艺的应用范围不断扩大，受到各行各业的极大关注，对国民经济建设有着重要影响。

2. 焊接方法分类

焊接是通过加热或加压（或两者并用），采用或不采用填充材料，使焊接接头处达到原子结合的一种加工方法。焊接方法目前已发展到了数十种，如图 3-31 所示。

按照焊接过程的特点，可以将焊接方法分为三大类，即熔化焊（被焊接表面熔化）、固相焊（被焊接表面不熔化）、钎焊（被焊接表面之间添加低熔点材料）。利用焊接的方式可以将金属与金属、金属与非金属、非金属与非金属连接在一起。

（1）熔化焊 使被焊接的构件表面局部加热熔化成液体，然后冷却结晶成一体的方法称为熔化焊。熔化焊基本方法可分为气焊（以氧气乙炔或其他可燃性气体燃烧火焰为

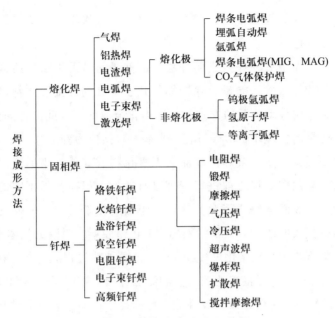

图 3-31 焊接成形方法及分类

热源）、铝热焊（以铝热剂放热反应热为热源）、电弧焊（以气体导电时产生的热为热源）、电渣焊（以熔渣导电时电阻热为热源）、电子束焊（以高速运动的电子流为热源）、激光焊（以单色电子流为热源）等若干种。其次，为了防止局部熔化的高温焊缝金属跟空气接触而造成成分、性能的恶化，熔化焊过程一般都必须采取有效隔离空气的保护措施，其基本形式是真空、气相和渣相保护三种。因此保护形式常常是区分熔化焊方法的另一个特征，如熔化焊方法中最重要的电弧焊方法就可按保护方法的不同分为埋弧焊、气电焊等很多种。此外，电弧焊方法还可按特征分为熔化极和非熔化极两大类。

（2）固相焊　利用加热、摩擦、扩散等物理作用克服两个连接表面的不平度，除去（挤走）氧化膜及其他污染物使两个连接表面上的原子相互接近到晶格距离，从而在固态条件下实现的连接统称为固相连接。固相焊时通常都必须加压，因此这类加压的焊接方法也称为压焊。为了使固相焊容易实现，大都在加压的同时伴随加热措施，但加热温度都远低于焊件的熔点。因此固相焊一般不需保护措施（扩散焊等除外）。应该注意的是，通常所指的电阻焊可称为压焊（焊接过程有加压），即属于固相焊。但也有些电阻焊（点焊、缝焊）接头形成过程伴随有熔化结晶过程，也可属于熔化焊。

（3）钎焊　利用某些熔点低于被焊接件材料熔点的熔化金属（钎料）作连接的媒介物在连接界面上的流散浸润作用，然后冷却结晶形成结合面的方法称为钎焊。钎焊过程也必须采取加热（以使钎料熔化，母材不熔化）和保护措施。按热源和保护条件不同，钎焊可分为火焰钎焊、真空或感应钎焊、电阻钎焊、盐浴钎焊等若干种。

3. 焊接过程的基本问题

各类的焊接方法都是为适应生产的需要而发展起来的。随着现代科学技术的发展，还将继续不断地出现新的焊接方法，现有的焊接方法也将不断改进。无论何种焊接方法都存在一些基本问题。

（1）能量输入　对于每种焊接成形方法，最重要的是需供给焊接部位某种形式的能量，如通过加热和加压输入能量。除钎焊外几乎所有的焊接方式都是局部加热，特别是熔化焊，是以集中移动热源的方式加热和熔化金属的。因此焊件的温度分布不均、不稳定，常产生焊接的物理化学冶金过程不平衡，焊接应力变形等。

（2）清除表面污染　两个被焊接表面在无氧化物或其他污染的情况下，才能形成满意的焊接接头。虽然在焊接之前进行清理是有益的，但往往是不够的，而每种焊接成形的特点是使污染表面溶解或消散。这可由焊剂的化学反应、电弧飞溅或机械方式来完成。必须从焊接表面清除的三种污染物质有极薄膜层、吸附的气体和氧化物。

（3）组织性能不均匀　在熔化焊接过程中，随着加热过程的进行，在焊接熔池将伴随着极不平衡的冶金过程。焊接熔池的冶金和结晶过程均不同于炼钢和铸造时的金属冶炼和结晶过程。虽然被焊材料在成分及性能上已满足了产品的设计和使用要求，但由于焊接接头部位的冶金作用，所形成的焊缝的化学性能和组织性能，往往与母材金属有相当明显的差别。在焊缝进行冶金过程的同时焊缝两侧的不同位置也经历着不同的热循环，离焊缝边界越近，其加热的峰值温度越高而且加热速率和冷却速率也越大。因此，在这些区域事实上进行着一个特殊的热处理过程，在整个受热影响的区域引起不均匀的组织变化。这种性能的不均匀性，对整个结构的强度和断裂行为会产生明显的影响。

（4）残余应力和残余变形　焊接过程是一个局部加热过程，因此焊件上温度极端不均匀。这不均匀的温度场使焊接结构存在很大的残余应力和残余变形。

（5）焊接缺陷及检测　在焊接过程中，通常会产生诸如裂纹、未焊透、气孔、夹渣等缺陷，而这些缺陷往往是焊接结构产生破坏的根源。因此，对焊接缺陷的形成原因及检测方法的研究是焊接过程的基本问题之一。所有重要的焊接结构在制造及使用过程中，一般都必须进行无损检测，以确定缺陷的性质及形貌。

4. 常用焊接名词术语

（1）焊接接头　用焊接方法连接的接头（简称接头）。

（2）全位置　熔化焊时，焊件接缝处的空间位置，包括平焊、立焊、横焊和仰焊等进行的焊接位置。

（3）熔宽　焊缝表面宽度。

（4）熔深　焊缝的熔化深度。

（5）熔池　在电弧和其他热源作用下，焊条端与被焊金属局部熔化形成的池状液态金属。

（6）余高　焊缝表面焊趾连线上面焊缝金属的最大高度。

（7）电弧静特性　在电极材料、气体介质和弧长一定的情况下，电弧稳定燃烧时，焊接电流与电弧电压变化的关系，也称为伏-安特性。

（8）弧动特性　对于一定弧长的电弧，当电弧电流发生连续的快速变化时，电弧电压与电流瞬时值之间的关系。

（二）手工电弧焊

焊接电弧是在气体电离与电极（即母材或焊材）电子发射的共同作用下，产生的一种持续而强烈的气体放电现象。它实际上是由在电场作用下高速、定向移动着的电子流和阳离子流构成的气态导体。焊接电弧的电压与电流参数具有低电压（十几至几十伏）、大电流（几十至几百安）的特征，由此决定了弧焊电源也应具有低电压、大电流参数特征的强电供电设备。

1. 弧焊电弧

（1）焊接电弧的产生　电弧的引燃方法有接触短路引弧法和高频高压引弧法。

① 接触短路引弧法　将焊条或焊丝与焊件接触短路，利用短路电流加热产生高温；在短路后迅速地将焊条或焊丝拉开，这时在焊条或焊丝端部与焊件表面之间立即产生一个电压，即焊机空载电压，使空气电离产生焊接电弧。接触短路引弧法主要用于焊条电弧焊、熔化极气体保护焊和埋弧自动焊。

② 高频高压引弧法　利用 $2\,000\sim3\,000$ V 的高电压，直接将两电极间的空气击穿，引燃电弧。钨极氩弧焊时，在钨极和焊件之间留有 $2\sim5$ mm 的间隙，然后加上高空载电压将电弧引燃。高频高压引弧法，主要用于氩弧焊和等离子弧焊中。

（2）焊接电弧的组成　焊接电弧结构如图3-32所示。焊接电弧是由阴极区、阳极区和弧柱部分组成，如图3～32（a）所示。电弧两端（两电极）之间的电压降，称为电弧电压。电弧电压由三部分组成，阴极区电压降、阳极区电压降、弧柱电压降如图3-32（b）所示。

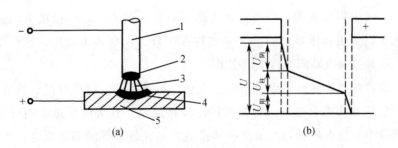

图 3-32　焊接电弧结构

（a）电弧结构：1-电极 2-阴极区 3-弧柱 4-阳极区 5-焊件 （b）电弧压降：U-电弧的压降 $U_阳$-阳极区压降 $U_柱$-弧柱压降 $U_阴$-阴极区压降 $U=U_阳+U_柱+U_阴$

（3）焊条电弧焊接线方法

直流焊机分正接和反接，地线接正极就是正接，如图3-33（1）a所示；地线接负极就是反接，如图3-33（1）b所示。

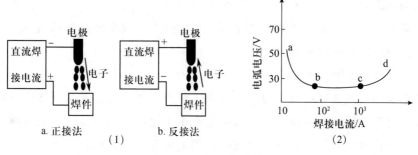

a. 正接法　（1）　　b. 反接法　　　　（2）

图 3-33　焊条电弧焊

（1）焊条电弧焊接线方法　　　（2）焊接电流与焊接电压

正极接法和负极接法主要有电弧稳定性、焊接成型速度、适用情况上的区别：

①电弧稳定性　正极接法电弧短、反接电弧稳定、飞溅极小，电弧较为稳定；负极接法电弧吹力大、电弧长、飞溅大，电弧稳定性较差。

②焊接成型速度　正极接法大多数情况下采用直流反接，熔池比交流焊机浅，焊缝成形美观；负极接法正接熔深比较大，焊条熔化较快。

③适用情况　正极接法适合焊接一些较小、轻薄的金属元件；负极接法适用于焊条切割烧断、堆焊、焊厚件、焊铸铁等。

（4）焊接电流与焊接电压

焊接电流是焊条电弧焊的主要工艺参数，焊工在操作过程中需要调节的只有焊接电流，而焊接速度和电弧电压都是由焊工控制的。焊接电流的选择直接影响着焊接质量和劳动生产率。

焊接电流越大，熔深越大，焊条熔化快，焊接效率也高，但是焊接电流太大时，飞溅和烟雾大，焊条尾部易发红，部分涂层要失效或崩落，而且容易产生咬边、焊瘤、烧穿等缺陷，增大焊件变形，还会使接头热影响区晶粒粗大，焊接接头的韧性降低；焊接电流太小，则引弧困难，焊条容易粘连在工件上，电弧不稳定，易产生未焊透、未熔合、气孔和夹渣等缺陷，且生产率低。

因此，选择焊接电流时，应根据焊条类型、焊条直径、焊件厚度、接头形式、焊缝位置及焊接层数来综合考虑。首先应保证焊接质量；其次应尽量采用较大的电流，以提高生产效率。板厚较的，T形接头和搭接头，在施焊环境温度低时，由于导热较快，所以焊接电流要大一些。但主要考虑焊条直径、焊接位置和焊道层次等因素。

焊接电流一般可根据焊条直径进行初步选择，焊接电流初步选定后，要经过试焊，检查焊缝成形和缺陷，才可确定。对于有力学性能要求的如锅炉、压力容器等重要结构，要经过焊接工艺评定合格以后，才能最后确定焊接电流等工艺参数。

当焊接电流调好以后，焊机的外特性曲线就决定了，如图 3-33（2）所示。实际上电弧电压主要是由电弧长度来决定的。电弧长，电弧电压高，反之则低。焊接过程中，电弧不宜过长，否则会出现电弧燃烧不稳定、飞溅大、熔深浅及产生咬边、气孔等缺陷；若电弧太短，容易粘焊条。一般情况下，电弧长度等于焊条直径的 0.5～1 倍为好，相应的电弧电压为 16～25 V。碱性焊条的电弧长度不超过焊条的直径，为焊条直径的一半较好，尽可能地选择短弧焊；酸性焊条的电弧长度应等于焊条直径。

（5）焊条电弧焊的基本原理

焊条电弧焊简称手弧焊，它是利用焊条与焊件之间产生的电弧热将焊件与焊条熔化，冷却凝固后获得牢固的焊接接头的一种手工焊接方法。焊条电弧焊的基本原理如图 3-34 所示。

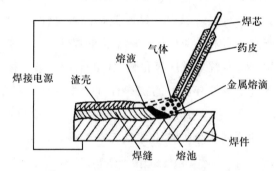

图 3-34　焊条电弧焊的基本原理

2. 电焊条

（1）焊条芯　电焊条是由焊芯和药皮组成的，如图 3-35 所示。焊芯是具有一定直径和长度的焊接专用金属丝。焊接时焊芯的作用：一是作为电极导电而产生电弧；二是熔化后作为填充金属，与熔化的母材一起形成焊缝。由于焊芯的化学成分将直接影响焊缝质量，所以焊芯都是专门冶炼的金属丝，其碳硅含量较低，硫磷含量极少。我国目前常用的碳素结构钢焊芯的牌号有 H08、H08A、H08MnA。其含义"H"表示为焊条，平均含碳量为 0.08%，含锰量为 1% 左右。"A"代表高级优质。焊条的规格以焊条芯的直径来表示，常用的有 $\phi2.5$ mm、$\phi3.2$ mm 和 $\phi4$ mm。

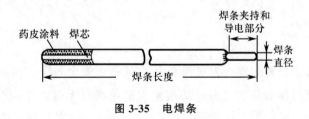

图 3-35　电焊条

（2）药皮　焊条芯的外面涂层称为药皮。药皮是由各种矿物质（大理石、萤石等）、有机物（纤维素、淀粉等）、铁合金（锰铁、硅铁等）等碾成粉末，用水玻璃黏结而成。药皮的主要作用是：使电弧容易引燃并稳定燃烧以改善焊接工艺性能；产生大量气体，形成熔渣以保护熔池金属不被氧化；添加合金元素以保证和提高焊缝金属

力学性能。

（3）焊条分类及用途　焊条按用途的不同可分为结构钢焊条、耐热钢焊条、不锈钢焊条、铸铁焊条、铜及铜合金焊条、铝和铝合金焊条等，其中结构钢焊条应用最广。由于焊条药皮类型的不同，适用的电源类型也不同。有些焊条交直流电源都可以使用，如酸性焊条。有些焊条只能使用直流电源，如牌号最后一个数字是"7"的碱性焊条。焊条的药皮种类很多，按其熔渣化学性质的不同，可将焊条分为酸性和碱性两大类。

①酸性焊条　药皮中含有较多酸性氧化物（SiO_2，TiO_2）的焊条称为酸性焊条。酸性焊条的工艺性好，焊接时电弧稳定，易脱渣，但氧化性强，焊缝力学性能和抗裂性较差，所以只适用于交、直流电源焊接一般结构的焊件。

②碱性焊条　药皮中含有较多碱性氧化物（CaO）的焊条。称为碱性焊条。碱性焊条脱硫、磷能力强，焊缝金属具有良好的抗裂性和力学性能，特别是韧性高，但焊接时电弧稳定性差，对油、铁锈、水分敏感，易产生气孔，故焊前须烘干（温度350～400℃，保温1～2 h），并彻底清除焊件上的油污和铁锈，焊接重要结构时常使用直流电源反接法。

GB/T 5117—2012《非合金钢及细晶粒钢焊条》标准规定，手弧焊用碳钢焊条的型号以字母"E"加上4位数字组成。"E"是英语单词electric的首字母，这里表示电焊条。前两位数字表示熔敷金属抗拉强度的最小值，第三位数字表示焊接位置，"0""1"表示焊条适于全位置（平、横、立、仰）焊接，第三位和第四位数字组合时，表示药皮类型及焊接电源种类。例如，E5015，E代表焊条，50代表熔敷金属的抗拉强度；1代表适用于全位置焊接，15代表药皮类型为低氢钠型（碱性），焊接电源为直流反接。焊接行业中标准规定结构钢焊条牌号的表示方法是：汉语拼音字首加三位数字。例：J422，J表示结构钢焊条（"结"字汉语拼音的字首），后面的两位数字"42"为焊缝金属的抗拉强度（420 MPa），最后一位数字"2"表示为钛钙型药皮（酸性），焊接电源交直流均适用（"J422"的国标写法是"E4303"）。最后一位数字如果是"6"或"7"时，表示为碱性焊条。

3. 防电措施

（1）焊接工作前，要先检查焊机设备和工具是否安全可靠。例如，焊机外壳是否接地、焊机各接线点接触是否良好；焊接电缆的绝缘有无破损等。不允许未进行安全检查就开始操作。

（2）焊工的手和身体不得随便接触二次回路的导电体，不能依靠在工作台、焊件上或接触焊钳等带电体。对于焊机空载电压较高的焊接操作，以及在潮湿工作地点操作时，还应在操作台附近地面铺设橡胶绝缘垫。

（3）下列操作应切断电源开关，再进行转移工作地点，搬动焊机，更换保险丝，焊机发生故障时的检修，改变焊机接头，更换焊件而需改装二次回路的布设等。推拉闸刀开关时，必须戴绝缘手套；同时焊工头部要偏斜，以防电弧火花灼伤面部。

（4）在金属容器内、金属结构上以及其他狭小工作场所焊接时，触电的危险性最大，必须采取专门的防护措施。如采用橡皮垫、戴皮手套，穿绝缘鞋等。

（5）电焊操作者在任何情况下都不得使自身、机器设备的传动部分成为焊接电路，严禁利用厂房的金属结构、轨（管）道等接进线路作为导线使用。

（6）焊机的接地保护装置必须齐全有效，同时，焊机必须装设电焊机空载自动断电保护装置。

（7）焊接电缆中间不应有接头，如需用短线接长时，则接头不应超过 2 个，接头应采用铜材料做成，并保证绝缘良好。

（8）加强个人防护，焊工个人防护用品包括完好的工作服、绝缘手套、套鞋等。

（9）电焊设备的安装、检查和修理必须由电工进行，临时施工点应由电工接通电源。

4. 材料及主要机具工艺标准

（1）电焊条　其型号按设计要求选用，必须有质量证明书。按要求施焊前经过烘焙。严禁使用药皮脱落、焊芯生锈的焊条。设计无规定时，焊接 Q235 钢时宜选用 E43 系列碳钢结构焊条；焊接 16 Mn 钢时宜选用 E50 系列低合金结构钢焊条；焊接重要结构时宜采用低氢型焊条（碱性焊条）。按说明书的要求烘焙后，放入保温桶内，随用随取。酸性焊条与碱性焊条不准混杂使用。

（2）引弧板　用坡口连接时需用弧板，弧板材质和坡口型式应与焊件相同。

（3）主要机具　电焊机（交、直流）、焊把线、焊钳、面罩、小锤、焊条烘箱、焊条保温桶、钢丝刷、石棉条、测温计等。

5. 作业条件

（1）熟悉图纸，做焊接工艺技术交底。

（2）施焊前应检查焊工合格证有效期限，应证明焊工所能承担的焊接工作。

（3）现场供电应符合焊接用电要求。

（4）环境温度低于 0℃，对预热、后热温度应根据工艺试验确定。

6. 操作工艺

（1）工艺流程　作业准备→电弧焊接（平焊、立焊、横焊、仰焊）→焊缝检查

（2）钢结构电弧焊接

①平焊

a. 选择合格的焊接工艺，焊条直径，焊接电流，焊接速度，焊接电弧长度等，通过焊接工艺试验验证。

b. 清理焊口　焊前检查坡口、组装间隙是否符合要求，定位焊是否牢固，焊缝周围不得有油污、锈物。

c. 烘焙焊条应符合规定的温度与时间，从烘箱中取出的焊条，放在焊条保温桶内，随用随取。

d. 焊接电流　根据焊件厚度、焊接层次、焊条型号、直径、焊工熟练程度等因素，选择适宜的焊接电流。

e. 引弧　角焊缝起落弧点应在焊缝端部，宜大于 10 mm，不应随便打弧，打火引弧后应立即将焊条从焊缝区拉开，使焊条与构件间保持 2～4 mm 间隙产生电弧。对接焊缝及时接和角接组合焊缝，在焊缝两端设引弧板和引出板，必须在引弧板上引弧后再焊到焊缝区，中途接头则应在焊缝接头前方 15～20 mm 处打火引弧，将焊件预热后再将焊条退回到焊缝起始处，把熔池填满到要求的厚度后，方可向前施焊。

f. 焊接速度　要求等速焊接，保证焊缝厚度、宽度均匀一致，从面罩内看熔池中铁水与熔渣保持等距离（2～3 mm）为宜。

g. 焊接电弧长度　根据焊条型号不同而确定，一般要求电弧长度稳定不变，酸性焊条一般为 3～4 mm，碱性焊条一般为 2～3 mm 为宜。

h. 焊接角度　根据两焊件的厚度确定，焊接角度有两个方面，①焊条与焊接前进方向的夹角为 60°～75°。②焊条与焊接左右夹角有两种情况，当焊件厚度相等时，焊条与焊件夹角均为 45°；当焊件厚度不等时，焊条与较厚焊件一侧夹角应大于焊条与较薄焊件一侧夹角。

i. 收弧　每条焊缝焊到末尾，应将弧坑填满后，往焊接方向相反的方向带弧，使弧坑甩在焊道里边，以防弧坑咬肉。焊接完毕，应采用气割切除弧板，并修磨平整，不许用锤击落。

j. 清渣　整条焊缝焊完后清除熔渣，经焊工自检（包括外观及焊缝尺寸等）确无问题后，方可转移地点继续焊接。

②立焊　基本操作工艺过程与平焊相同，但应注意下述问题：

a. 在相同条件下，焊接电源比平焊电流小 10%～15%。

b. 采用短弧焊接，弧长一般为 2～3 mm。

c. 焊条角度根据焊件厚度确定。两焊件厚度相等，焊条与焊条左右方向夹角均为 45°；两焊件厚度不等时，焊条与较厚焊件一侧的夹角应大于较薄一侧的夹角。焊条应与垂直面形成 60°～80°角，使角弧略向上，吹向熔池中心。

d. 收弧：当焊到末尾，采用排弧法将弧坑填满，把电弧移至熔池中央停弧。严禁使弧坑甩在一边。为了防止咬肉，应压低电弧变换焊条角度，使焊条与焊件垂直或由弧稍向下吹。

③横焊　基本与平焊相同，焊接电流比同条件平焊的电流小 10%～15%，电弧长 2～4 mm。焊条的角度，横焊时焊条应向下倾斜，其角度为 70°～80°，防止铁水下坠。根据两焊件的厚度不同，可适当调整焊条角度，焊条与焊接前进方向角度为 70°～90°。

④仰焊　基本与立焊、横焊相同，其焊条与焊件的夹角和焊件厚度有关，焊条与焊接方向成 70°～80°角，宜用小电流、短弧焊接。

⑤冬期低温焊接

a. 在环境温度低于 0℃ 条件下进行电弧焊时，除遵守常温焊接的有关规定外，应调整焊接工艺参数，使焊缝和热影响区缓慢冷却。风力超过 4 级，应采取挡风措施。焊后未冷却的接头，应避免碰到冰雪。

b. 钢结构为防止焊接裂纹，应预热。预热以控制层间温度。当工作地点温度在 0℃ 以下时，应进行工艺试验，以确定适当的预热、后热温度。

7. 水平固定管焊接技术

（1）水平固定管常用的焊接方法　金属管的焊接方法多种多样，一般在生产实际中，大直径管采用熔焊法，如：埋弧焊，CO_2 气保焊等；中、小直径管大多采用气焊、手工电弧焊、氩弧焊、等离子弧焊，摩擦焊、电阻焊等。

（2）水平固定管对接操作技术要点　水平固定管包括仰、立、平所有空间的焊接，是难度较大的操作技术，对中、小直径钢管的焊接，固环缝不能两面施焊。所以必须从工艺上保证第一层焊透，即要单面焊双面成型，由于焊接位置的不断变化，运条角度和操作者站立的高度必须适应变化的需要，同时在焊接电流不能改变情况下，主要靠焊工摆动焊条来控制热量，以达到均匀熔化目的。

（3）焊接工艺参数的选用　管子施焊前应将坡口两侧 50 mm 宽表面上的油污、铁锈等清理干净，管子装配时的"Y"形坡口面角度为 25～30°，钝边为 1.2～2 mm，间隙为 1.2～2 mm，采用灭弧法焊接，焊接工艺参数见表 3-15。

表 3-15　焊接工艺参数

焊条种类	层次	焊条直径/mm	焊接电流/A 电弧电压/V	焊速/ (cm/min)	时间/min
E4303	第一层	3.2	90～140	21～30	10～30
	中间层	3.2	100～160	24～34	10～30
	外层	4.0	130～220	21～37	10～35
	盖面	4.0	130～220	21～37	10～35

（4）焊缝缺陷分布　由于焊接位置沿圆形连续变化，这就要求施焊者站立的角度和运条的角度必须适应焊接位置的变化。焊接时，为了控制熔池的温度和形状，除了采用灭弧法焊接技术外，主要靠摆动焊条来控制热量，要求焊工有较高的技术。由于熔池的温度和形状不易控制，根部焊缝易出现焊不透，焊瘤及塌腰等缺陷。

（5）定位焊　定位焊焊接应随管径的不同而选定位点数。当管径 $D < 51$ mm 时选一点；$51 \leqslant D < 133$ mm 时选两点；$D \geqslant 133$ mm 时，选 3～4 点。定位焊焊缝长度一般为 10～30 mm，高度适中，太低易开裂，太高会给第一层焊道带来困难。定位焊电流

选择要比正式焊接电流大些，使起弧处有足够的温度，防止黏合，收弧时，一定要填满弧坑。定位焊点易产生缺陷，如发现缺陷必须铲除重焊，熔渣与飞溅也要清除，尽量将定位焊的焊肉两端修成坡形，以便正式焊接时，保证焊缝质量。

（6）水平固定管焊接　一般称第一层为打底焊，其余称为中间层焊道。最后一层称为盖面焊道。通常中、小管焊接时，以截面中心垂直线为界面分成两部分，先焊的一半叫前半周，后焊的一半叫后半周。施焊时按仰、立、平焊位置顺序由下向上进行，即在仰焊位置起焊，在平焊位置收尾，形成两个接头，打低焊实现单面焊双面成型。

a. 第一层焊缝的焊接　第一层焊缝的焊接是决定焊接质量的关键，一般采用稍作摆动的直线运条法。第一层打底焊，根据管径大小的不同，可在仰焊位置中心线前 10～20 mm 的坡口一边引弧。应注意避免在坡口或对口中心引弧，以避免造成缺陷。引燃电弧后，用长弧把焊缝根部预热 2～3 s，接着马上压低电弧，托住铁水并用电弧击穿焊缝根部。若过程正常，则向上连续焊接，若出现熔孔，则可用一字形往复运条法将熔孔堵好后，再继续向上焊。当运条到定位焊缝时，必须用电弧击穿根部间隙，使之充分熔合，在焊接过程中，从下往上焊位置不断变化，因此，焊条角度也必须相应改变，以上为前半部分的焊接。后半部分焊缝焊接的操作方法与前半部分相似，但上下接头一定要接好，仰焊接头时，应把先焊的焊缝端头用电弧割去一部分（5～10 mm），这样既可把可能存在的缺陷去除，又可以形成缓坡形割缝，对焊接有利。接头处焊接时要使原焊缝充分熔化，并使之形成熔孔，以保证根部焊透。平焊接头时，应压低电弧，焊条前后摆动，推开熔渣，并击穿根部以保证焊透，熄弧前添满弧坑。

b. 中间层的焊接　除去第一层与最外层，其余都称为中间层。一般壁厚大于 6 mm 时才有中间层，中间层的焊接相对比较容易，但工艺参数选择不当也会出现气孔、夹渣、层间未焊透等缺陷。中间层焊波较宽，一般采用月牙形或锯齿形运条进行连续焊接，在坡口两侧应稍作停留，焊角角度也要相应有所变化。

c. 外层的焊接　外层焊缝应根据设计要求，焊一定的焊缝增高量，焊缝外表应均匀美观，沿圆周基本一致。一般采用月牙运条法，摆动要慢而稳，坡口两侧要有足够的停留时间。当坡口较宽时，可采用多道焊，应先焊坡口两侧，后焊中间。

d. 盖面焊接　盖面焊接又称加强面焊接，它不但要焊缝外表美观，实质上也要求其内部质量。盖面焊接时，可采用月牙运条，摆动要慢而稳，使焊波均匀美观。一般每边宽度要比坡口增宽 1.5 mm 左右。余高一般仰焊部位 0.5～3 mm，其他部位 0.5～2.5 mm，严重的咬边（深度大于 0.5 mm），余高过高或不足，以及过度陡急等均不允许。

（三）　其他常用的焊接方法

随着科学技术的不断发展，在焊接领域中，传统常用的焊接手段已不能满足生产需要。为了提高焊接质量和生产效率，改善劳动条件，未来的焊接工艺，一方面要研制新的焊接方法、焊接设备和焊接材料，以进一步提高焊接质量和安全可靠性，如改进现有电弧、等离子弧、电子束、激光等焊接能源；运用电子技术和控制技术，改善电弧的工艺性能，研制可靠简便的电弧跟踪方法。另一方面要提高焊接机械化和自动化水平，如焊机实现程序控制、数字控制，研制从准备工序、焊接到质量监控全程自动化的专用焊机；在自动焊接生产线上，推广数控的焊接机械手和焊接机械人，可以提高焊接生产水平，改善焊接工作条件。下面对其他焊接手段进行简单介绍。

1. 埋弧自动焊

埋弧自动焊，也称焊剂层下自动焊。它因电弧埋在焊剂下，看不到弧光而得名。埋弧自动焊机由焊接电源、焊车和控制箱三部分组成。焊接电源可配交流或整流弧焊电源。焊接时，自动焊机将光焊丝自动送到电弧区，并保持一定弧长，电弧在颗粒状焊剂下燃烧（图 3-36）。

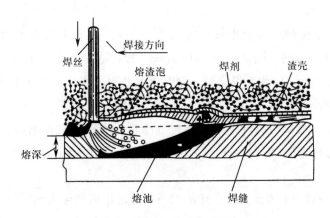

图 3-36 埋弧自动焊的纵截面图

埋弧自动焊的操作要领：

（1）焊接前应按工艺文件的要求调整焊接电流、电弧电压、焊接速度、送丝速度等参数后方可正式施焊。

（2）施焊前，焊工应检查焊接部位的组装和表面清理的质量，如不符合要求，应修磨补焊合格后方能施焊。焊接坡口组装允许偏差值应符合设计规定。坡口组装间隙超过允许偏差规定时，可在坡口单侧或两侧堆焊、修磨使其符合要求，但当坡口组装间隙超过较薄板厚度 2 倍或大于 20 mm 时，不应用堆焊方法增加构件长度和减少组装间隙。

（3）T 形接头、十字形接头、角接接头和对接接头主焊缝两端，必须配置引弧板和引出板，其材质应和被焊母材相同，坡口形式应与被焊焊缝相同，禁止使用其他材质的材料充当引弧板和引出板。

（4）厚度 12 mm 以下板材，可不开坡口，采用双面焊，正面焊电流稍大，熔深达 65%～70%，反面达 40%～55%。厚度大于 12～20 mm 的板材，单面焊后，背面清根，再进行焊接。厚度较大的板材，开坡口焊，一般采用手工打底焊。

（5）填充层总厚度应低于母材表面 1～2 mm，稍凹，不得熔化坡口边。

（6）盖面层使焊缝对坡口熔宽每边 3 mm±1 mm，调整焊速，使余高为 0～3 mm。

（7）不应在焊缝以外的母材上打火引弧。

（8）定位焊必须由持相应合格证的作业人员施焊，所用焊接材料应与正式施焊相当。定位焊焊缝应与最终焊缝有相同的质量要求。钢衬垫的定位焊宜在接头坡口内焊接，定位焊焊缝厚度不宜超过设计焊缝厚度的 2/3，定位焊缝长度宜大于 40 mm，间距 500～600 mm，并应填满弧坑，定位焊预热温度应高于正式施焊预热温度。当定位焊焊缝上有气孔或裂纹时，必须清除后重焊。

（9）对于非密闭的隐蔽部位，应按施工图的要求进行涂层处理后，方可进行组装；对刨平顶紧的部位，必须经质量部门检验合格后才能施焊。

（10）在组装好的构件上施焊，应严格按焊接工艺规定的参数以及焊接顺序进行，以控制焊后构件变形。

（11）非手工电弧焊焊缝引出长度应大于 80 mm。其引弧板和引出板宽度应大于 80 mm，长度宜为板厚的 2 倍且不小于 100 mm，厚度应不小于 10 mm。

（12）焊接完成后，应用火焰切割去除引弧板和引出板，并修磨平整。不得用锤击落引弧板和引出板。

（13）因焊接而变形的构件，可用机械（冷矫）或在严格控制温度的条件下加热（热矫）的方法进行矫正。

2. 电渣焊

电渣焊是一种利用电流通过液态熔渣时所产生的电阻热作为热源的一种熔化焊。

电渣焊是在垂直位置实施（即立焊）的一种焊接手段。

电渣焊时，在焊件的装备间隙和成形装置所构成的空间里，存有液态渣池，焊丝连续向渣池送进。当焊接电流流过焊丝和渣池时，渣池中产生电阻热，使渣池具有 1600～2000℃ 的高温，高温的渣池不断地使送进的焊丝和接近的焊边熔化，熔化的液态金属，沉积在渣池下部，成为液态金属熔池，随着焊丝的进入和熔化，使液态金属熔池和渣池不断升高，液态金属随之冷却，凝固成为焊缝。焊接过程，焊机带动成形装置送丝机构和导电嘴，不断上升，直到焊完整条焊缝。丝极电渣焊和板极电渣焊两种焊接形式，如图 3-37 和图 3-38 所示。

3. CO_2 气体保护焊

CO_2 气体保护焊（以下简称 CO_2 焊）是以 CO_2 气体保护焊接区和金属熔池不受空气侵入，依靠焊丝与工件之间产生的电弧来熔化金属的一种熔化极气体保护电弧焊。CO_2 焊有自动和半自动两种方式。常用的是半自动焊，即焊丝由送丝机构自动送给，并保持弧长，由操作人手持焊枪进行焊接。

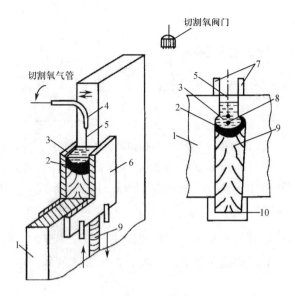

图 3-37　丝极电渣焊过程示意图

1. 工件；2. 金属熔池；3. 渣池；4. 导丝管；5. 焊丝；6. 强制成形装置；7. 引出板；8. 金属熔滴；9. 焊缝；10. 引弧板

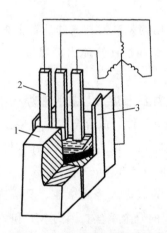

图 3-38　板极电渣焊示意图

1. 工件；2. 板极；3. 强制成形装置

（1）CO_2 焊的工作原理　焊丝由送丝机构通过软管经导电嘴送出，而 CO_2 气体从喷嘴内以一定流量喷出，这样当焊丝与工件接触引燃电弧后，连续给送的焊丝末端和熔池 CO_2 气体保护，防止空气对液态金属的有害作用，从而获得高质量的焊缝。CO_2 焊的焊接装置如图 3-39 所示。一般情况下无须接干燥器，为了使电弧稳定，飞溅少，CO_2 焊采用直流反接。

（2）CO_2 焊的特点

①成本低　CO_2 气体价格比较便宜，而且电能消耗小。焊接成本为自动埋弧焊的 40%、手工电弧焊的 38%～42%。

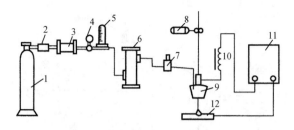

图 3-39　CO_2 气体保护焊设备示意图

1. CO_2 气瓶；2. 预热器；3. 高压干燥器；4. 气体减压阀；5. 气体流量计；

6. 低压干燥器；7. 气阀；8. 送丝机构；9. 焊枪；10. 可调电感；11. 焊接

电源；12. 工件

②质量好　CO_2 焊电弧加热集中，焊接速度快，所以焊缝的热影响区和工件变形比埋弧焊和手弧焊都小。CO_2 焊的焊缝含氢量低，产生裂纹的倾向也小，因此特别适合薄板焊接。

③生产效率高　焊丝进给自动化，焊接电流密度大，且熔敷率高（手弧焊为 60%，CO_2 焊是 90%），因此提高了生产效率。另外，因无焊渣，多层焊时，节省了手弧焊时的清渣时间。

④抗锈能力强　CO_2 焊采用的是高锰、高硅的合金焊丝。因为焊丝中有较多的锰、硅脱氧元素，所以有较强的还原和抗铁锈能力，焊缝不易产生气孔。适用于焊接低碳钢以及其他合金钢。

⑤焊接性能好　因为 CO_2 焊没有熔渣，是明弧焊接，操作者能清楚地看到焊接过程，同时它具有手工电弧焊的灵活性，适合全位置焊接。

⑥焊缝的抗裂性及力学性能强　因为 CO_2 气体在焊接电弧的高温作用下，会被分解成 CO 和 O_2，其反应式为 $2CO_2 = 2CO + O_2$。生成的 CO 和 O_2 对金属具有氧化作用，而熔化焊中主要是防止空气中的氧进入金属熔池，要解决这个问题，就是进行 CO_2 焊时须用高锰（Mn）高硅（Si）的合金钢丝。因为 Mn 和 Si 是很好的脱氧元素，它们既能有效地解决氧化的危害，又可以保证焊缝中合金元素不至于丢失。另外因 CO_2 焊的氧化作用也使得金属中的有害物质硫（S）和磷（P）一同被烧损，使焊缝的抗裂性增强，力学性能提高，这也是 CO_2 焊的优越性之一。

⑦CO_2 焊飞溅较多，成形稍差，抗风能力弱，设备较复杂。

（3）CO_2 焊接工艺　和手工电弧焊相同的是，CO_2 焊要获得高质量的焊缝，也要选择合适的焊接规范。CO_2 焊的焊接规范包括焊接电压的设定、焊接电流的选择、干伸长度的多少、焊接速度的快慢，还有正负极的接法。与手弧焊不同的是，手弧焊没有焊接电压的选择，因为它的焊接电压是设备在设计时已确定，所以手弧焊只需调整焊接电流，而 CO_2 焊的焊接电流，焊接电压都要调整。CO_2 焊的焊丝给送是自动的，焊接电流的大小决定了焊丝的熔化速度，焊接电压的高低决定了送丝速度，这两者只有配合好，才能保证焊接的顺利进行。

4. 氩弧焊

氩弧焊是氩气保护焊的简称。氩气是惰性气体，在高温下不和金属起化学反应，也不溶于金属，可以使电弧区的熔池、焊缝和电极不受空气的有害影响，是一种理想的保护气体。氩气的电离势高，引弧较困难，但一旦引燃就很稳定。

氩弧焊分为钨极氩弧焊（非熔化极 TIG）和熔化极氩弧焊（MIG）两种，如图 3-40 所示。

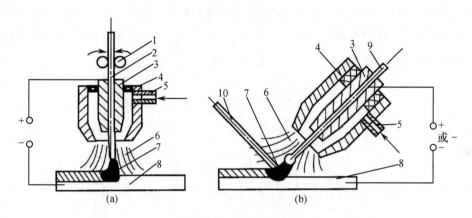

图 3-40 氩弧焊示意图

（a）熔化极   （b）钨极

1. 送丝轮；2. 焊丝；3. 导电嘴；4. 喷嘴；5. 进气管；6. 氩气流；7. 电弧；8. 工件；9. 钨极；10. 填充金属丝

（1）钨极氩弧焊（TIG）工作原理 钨极在氩气的保护下与工件之间产生电弧实施焊接。

钨极氩弧焊的电极常用的有钍钨极和铈钨极两种。因为纯钨极发射电子的能力较差，长时间焊接会出现钨极熔化现象，但在钨极中加入一定量的氧化钍（2%）或一定量的氧化铈（2%）就可以大大提高电子发射的能力。焊接时电极不熔化，只起导电和与工件产生电弧的作用，钍钨极和铈钨极的标志颜色不同，钍钨极（红色）、铈钨极（灰色）。钨（W）是金属中熔点最高的金属（3 410℃）。

（2）氩弧焊的特点

①氩气是惰性气体不与金属起化学反应，焊接过程被焊金属和焊丝中合金不易烧损。另外，氩气不溶于金属，故氩气不会形成气孔，所以氩弧焊可以焊接出漂亮美观优质的焊缝。

②理论上氩弧焊可以在所有的工业金属中使用。

③由于电弧受氩气流的压缩和冷却作用电弧集中热影区小，在焊接薄板时比气焊变形小。

④焊缝中无熔渣无飞溅，因为是明弧焊接，所以操作者可以清楚地看到焊接过程。

⑤钨极氩弧焊适于各种形状的全位置焊接。

⑥易于实现机械化、半机械化，焊接生产效率较高。

⑦抗风干扰能力差，且氩气价格较贵，故焊接成本较高。

钨极氩弧焊因钨极本身的尺寸限制，决定了焊接电流不能很大，所以适合在 δ < 4 mm 的薄板上焊接。熔化极氩弧焊电弧在焊丝和工件之间产生，焊丝不断送进并熔化过渡到熔池，焊丝作为电极，不但与工件产生电弧，而且起到填充金属的作用，这样就可以使焊接电流大大增加。所以 MIG 适用厚板的焊接。如图 3-41 所示，显示了 TIG 设备的连接系统。在焊接电流 200 A 以下时可以使用空冷焊炬，如 200 A 以上时则加接水路系统，使用水冷焊炬。

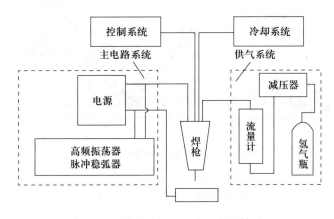

图 3-41　手工钨极氩弧焊设备系统图

⑧电源必须具有陡降的外特性　TIG 焊时由于电流密度小，电弧受压缩小，所以电弧静特性一般为水平且微微上升，采用陡降外特性电源才能使电弧稳定燃烧。另外，采用 TIG 焊接薄板时难免引起弧长变化，从而引起电流的变化。若弧长变化时电流值波动大，将影响焊接质量，所以采用陡降外特性电源，防止弧长变化时电流变化过大。TIG 焊时难免钨极和工件短路，采用陡降外特性电源可防止短路电流过大引起电源过载。基于上述三点，TIG 须采用陡降外特性电源。电弧静特性是指在弧长一定时电弧两端电流与电压的关系。坐标中电源陡降外特性曲线和电弧静特性曲线有两个交点，电弧稳定燃烧就在两交点之间。这一点和手弧焊是相同的。

⑨须有高频振荡器（高频发生器）　TIG 引弧时电极不与工件接触，为此需要几千伏的高压高频。此高频的作用是使工件与钨极之间产生火花放电，也就是疏导焊接电流使其畅通。氩弧焊的高频振荡器其输出电压为 2 000～3 000 V，频率为 150～260 kHz。

【业务经验】

焊缝质量检测的标准与方法

（一）焊缝质量标准

（1）保证项目　①焊接材料应符合设计要求和有关标准的规定，应检查质量证明书及烘焙记录。②焊工必须经考核合格，检查焊工相应施焊条件的合格证及考核日期。③Ⅰ、Ⅱ级焊缝必须经探伤检验，并应符合设计要求和施工及验收规范的规定，检验焊缝探伤报告。焊缝表面Ⅰ、Ⅱ级焊缝不得有裂纹、焊瘤、烧穿、弧坑等缺陷。Ⅱ级焊缝不得有表面气孔夹渣、弧坑、裂纹、电焊擦伤等缺陷，且Ⅰ级焊缝不得有咬边、未焊满等缺陷。

（2）基本项目　①焊缝外观：焊缝外形均匀，焊道与焊道、焊道与基本金属之间过渡平滑，焊渣和飞溅物清除干净。②表面气孔：Ⅰ、Ⅱ级焊缝不允许；Ⅲ级焊缝每50 mm长度焊缝内允许直径≤0.4 t，气孔2个，气孔间距≤6倍孔径。③咬边：Ⅰ级焊缝不允许；Ⅱ级焊缝咬边深度≤0.05 t，且≤0.5 mm，连续长度≤100 mm，且两侧咬边总长≤10％焊缝长度。Ⅲ级焊缝咬边深度≤0.1 t，且≤1 mm（注：t为连接处较薄的板厚）。

（二）焊缝外观质量应符合下列规定

（1）Ⅰ级焊缝不得存在未焊满、根部收缩、咬边和接头不良等缺陷，Ⅰ级和Ⅱ级焊缝不得存在表面气孔、夹渣、裂纹和电弧擦伤等缺陷。

（2）Ⅱ级焊缝的外观质量除应符合本条第一款的要求外，尚应满足表3-16的有关规定。

（3）Ⅲ级焊缝应符合表3-16的有关规定：

表 3-16　焊缝要求

焊接缺陷	说明	评价标准
假焊	系指未熔合、未连接焊缝中断等焊接缺陷（不能保证工艺要求的焊缝长度）	不允许
气孔	焊点表面有穿孔	焊缝表面不允许有气孔
裂纹	焊缝中出现开裂现象	不允许
夹渣	固体封入物	不允许
咬边	焊缝与母材之间的过渡太剧烈	H≤0.5 mm 允许 H>0.5 mm 不允许

续表 3-16

焊接缺陷	说明	评价标准
烧穿	母材被烧透	不允许
飞溅	金属液滴飞出	在具有功能和外观要求的区域 不允许有焊接飞溅的存在
过高的焊缝凸起	焊缝太大	H 值不允许超过 3 mm
位置偏离	焊缝位置不准	不允许
配合不良	板材间隙太大	H 值不允许超过 2 mm

（三）焊接质量检验中常见的缺陷

（1）焊瘤　焊接过程中熔化金属流淌到焊缝之外未熔化的母材上所形成的金属瘤。

（2）咬边　沿焊趾的母材部位产生的沟槽和凹陷。

（3）烧穿　常见于薄板焊接时，在焊缝上形成穿孔。

（4）未焊透　焊接时接头根部未完全熔透的现象。

（5）夹渣　焊后残留在金属中的熔渣，是焊缝中常见缺陷。

（6）气孔　焊接时，熔池中的气体在金属凝固时未能逸出而形成的空穴。气孔是常见的一种焊接缺陷，露在焊缝表面的称表面气孔，位于焊缝内部的称为内部气孔。

（7）裂纹　最危险的焊接缺陷，通常发生在焊缝金属及热影响区（焊缝两侧20 mm范围内）。

（8）焊接变形　焊接时局部温度过高，超过材料允许的使用温度，一段时间后即产生局部变形。

（9）焊缝尺寸不符合要求　焊缝的尺寸与设计上规定的尺寸不符，或焊缝成型不良，出现高低、宽窄不一。

考虑不同质量等级的焊缝承载要求不同，凡是严重影响焊缝承载能力的缺陷都是严禁的。对严重影响焊缝承载能力外观质量要求列入主控项目，并给出外观合格质量要求。由于Ⅰ、Ⅱ级焊缝的重要性，对表面气孔、夹渣、弧坑裂纹、电弧擦伤应有特定不允许存在的要求，咬边、未焊满、根部收缩等缺陷承载影响很大，故Ⅰ级焊缝不得存在该类缺陷。

（四）焊接缝内部质量检测方法

1. 射线探伤方法（RT）

目前应用较广泛的射线探伤方法是利用（X、γ）射线源发出的贯穿辐射线穿透焊缝后使胶片感光，焊缝中的缺陷影像便显示在经过处理后的射线照相底片上。主要用于发现焊缝内部气孔、夹渣、裂纹及未焊透等缺陷。

2. 超声探伤（UT）

利用压电换能器件，通过瞬间电激发产生脉冲振动，借助于声耦合介质传入金属中形成超声波，超声波在传播时遇到缺陷就会反射并返回到换能器，再把声脉冲转换成电脉冲，测量该信号的幅度及传播时间就可评定工件中缺陷的位置及严重程度。超声波比射线探伤灵敏度高，灵活方便，周期短、成本低、效率高、对人体无害，但显示缺陷不直观，对缺陷判断不精确，受探伤人员经验和技术熟练程度影响较大。例如，HF300，HF800 焊缝检测仪等。

3. 渗透探伤（PT）

当含有颜料或荧光粉剂的渗透液喷洒或涂敷在被检焊缝表面上时，利用液体的毛细作用，使其渗入表面开口的缺陷中，然后清洗去除表面上多余的渗透液，干燥后施加显像剂，将缺陷中的渗透液吸附到焊缝表面上来，从而观察到缺陷的显示痕迹。液体渗透探伤主要用于：检查坡口表面、碳弧气刨清根后或焊缝缺陷清除后的刨槽表面、工卡具铲除的表面以及不便磁粉探伤部位的表面开口缺陷。

4. 磁性探伤（MT）

利用铁磁性材料表面与近表面缺陷会引起磁率发生变化，磁化时在表面上产生漏磁场，并采用磁粉、磁带或其他磁场测量方法来记录与显示缺陷的一种方法。磁性探伤主要用于检查表面及近表面缺陷。该方法与渗透探伤方法比较，不但探伤灵敏度高、速度快，而且能探查表面一定深度下缺陷。例如，DA310 磁粉探伤等。

【工作程序与方法要求】

步骤一：试板要求清理干净放平整，坡口要整齐，锉钝边 1 mm。（钝边的作用在于防止烧穿）。

步骤二：组对间隙，下端 3.5～4 mm，上端 4.5 mm，点焊长度 15～20 mm，错口量不超过 1 mm。

步骤三：反变形 3°～5°，以防止焊后产生角变形。

步骤四：打底层焊接方法及焊接工艺参数。

方法：焊条电弧焊，半击穿法，短弧操作（图 3-42）。

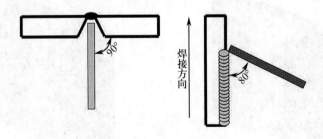

图 3-42　焊接角度和方向

焊接工艺参数如表 3-17 所示：

表 3-17　焊条直径与焊接电流的选择

焊件厚度/mm	2	3	4~5	6~12	>12
焊条直径/mm	2	3.2	3.2~4	4~5	5~6
焊接电流/A	55~60	100~130	160~210	200~270	270~300

步骤五：电弧击穿方法的分类，按照电弧压前熔池量的多少分类：

①击穿法　　　　（压前熔池 1/3）

②半击穿法　　　（压前熔池 1/2）

③不击穿法压　　（压前熔池 2/3）

三种电弧击穿方法电弧穿透量对比，如图 3-43 所示：

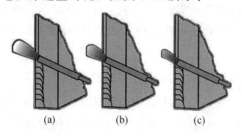

（a）　　　　（b）　　　　（c）

图 3-43　电弧击穿方法示意图

（a）击穿法　　（b）半击穿法　　（c）不击穿法压

步骤六：起焊

在始焊端上部 10~20 mm 处引燃电弧，将电弧拉至定位焊缝上，长弧预热 2~3 s 后，压向坡口根部，听到电弧击穿声后，在坡口根部两侧做小幅度摆动烧出熔孔，轻压一下后熄弧。起焊焊条动作如图 3-44 所示。

步骤七：再次接弧的时间

当熔池亮点收缩到只有焊条头大小的时候接弧。

步骤八：再次接弧的位置与动作（图 3-45）

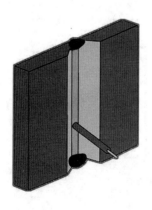

图 3-44　起焊焊条动作

图 3-45　再次接弧位置

位置：紧贴坡口钝边，压原熔池的 1/2。

动作：从坡口一侧引弧，稳弧后平行摆动到坡口的另一侧，稳弧后熄弧。

步骤九：收弧动作

每当焊完一根焊条收弧时，先在熔池上方做一个稍大些的熔孔，然后进行一下回焊再断弧，使其形成缓坡，为下面的接头做好准备。

步骤十：根部接头的操作方法，如图 3-46，图 3-47 所示：

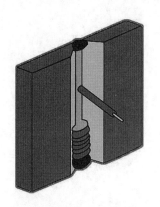

图 3-46　正接头操作方法

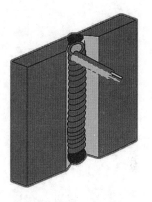

图 3-47　反接头操作方法

间隙宽窄不一时应该进行如下操作：

宽间隙时的操作（图 3-48）：

①改变电弧击穿方法；

②适当减小焊接电流；

③采用多点焊法。

窄间隙时的操作（图 3-49）：

①改变电弧击穿方法（击穿法）；

②适当增加焊接电流；

③减小焊条直径。

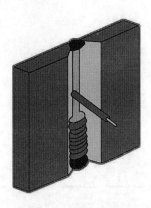

图 3-48　宽间隙时的操作

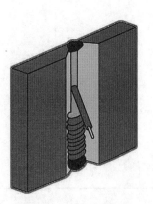

图 3-49　窄间隙时的操作

【工作任务实施记录与评价】

一、制订 "农机具焊接技术技巧及工艺方法" 工作计划

师傅指导记录	制订工作计划质量评价	评价成绩
		年　月　日

二、制造工艺流程记录

师傅指导记录	加工制造工艺流程评价	评价成绩
		年　月　日

三、工作过程学习记录

加工零件名称	安全教育内容	领取毛坯材料	领取毛坯尺寸	加工技术要求	技术员复核签字
加工准确性及效率评价				评价成绩	
				时　间	

四、学徒职业品质、工匠精神评价

项目	A	B	C	D
工作态度				
吃苦耐劳				
团队协作				
沟通交流				
学习钻研				
认真负责				
诚实守信				

五、学徒对工作过程的总结和反思

岗位工作任务三
农机具零件普通机床加工

【工作任务目标与质量要求】

任务要求：完成销轴（图 3-50）的加工，小批生产，该销轴选用 φ18 的 45 号钢，车削加工前用锯床下料，总长 320 mm，长 75 mm，5 件，加料头长 20 mm。

图 3-50　销轴

【工作任务设备和场地要求】

一、普通机床金属加工设备的要求

普通车床、普通铣床、砂轮机、各种量具、各种刀具等。

二、普通机床设备场地的要求

1. 爱护机床、设备，不允许在机床、设备表面敲击物件，机床工作区内不准放工具。应常保持润滑和清洁，但不浪费润滑材料。

2. 节约用电，工作时不任意让机床空转，离机床随手关闭电源。

3. 如工作中变速时必须先停车，工作中机床空转，不允许离开机床。

4. 若车刀用钝后，及时刃磨，否则增加车床负荷，损坏机床。

5. 爱护量具，不使它受撞击。

6. 适时检查设备的冷却液、润滑油量，并在《设备保养卡》上做好记录。

7. 完成第一个零件后，交检验，合格后，继续生产。

8. 注意生产操作者的人身安全，杜绝各类安全隐患。

9. 保持生产环境卫生，及时清除切屑和边角料，擦净设备并加好润滑油。

【工作任务知识准备】

一、量具的使用

（一）游标卡尺

装配中没有游标卡尺是不行的，它在产品尺寸和公差上十分重要。游标卡尺可以测量长度、厚度、外径内径、孔深、中心距等。游标卡尺分为 0.05 mm 和 0.02 mm 游标卡尺，其刻线原理基本一样，以 0.02 mm 游标卡尺的刻线原理为例：尺身每格长度为 1 mm，总长度 49 mm，等分 50 格，则游标每格长度为 49/50＝0.98 mm，尺身 1 格和游标 1 格长度差为 1－0.98＝0.02 mm，则它的精度为 0.02 mm。游标卡尺读数方法：首先读出游标卡尺零刻线上边的整数，再看看游标卡尺从零刻线开始第几条刻线与尺身某一刻线对齐，其游标刻线数与精度的乘积就是 1 mm 的小数部分，最后将整毫米数与小数相加就是测得的实际尺寸（图 3-51）。

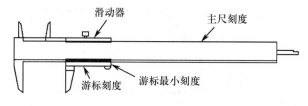

图 3-51　游标卡尺

游标卡尺是生产中不可缺少的一部分，必须注意其精度，测量时要去掉工件的毛刺以免划伤卡尺，用完要放在指定的位置，轻拿轻放，不可与工件一起摆放，长时间不用时还需擦油，以免用时不光滑。

1. 游标卡尺刻度读取方法

测量值＝主尺上的刻度＋游标刻度。

根据图 3-52 所标的尺寸，说明如下。

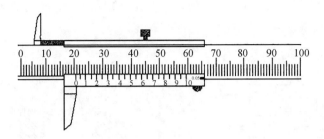

图 3-52　游标刻度

（1）首先读出游标刻度在主尺上的刻度　在图 3-52 中，由于零线在主尺上处于 20 和 21 之间，所以主尺刻度是 20 mm。

（2）读取和主刻度重合的游标刻度　如图 3-52 所示，第 4 个游标刻度（1.5 线）和主尺刻度重合（对齐），成了直线。

由于游标卡尺的刻度单位是 0.05 mm/刻度，所以游标读数为 $0.05 \times (4-1) = 0.15$ mm。

（3）把（1）和（2）的测量值相加，就得到最终测量值。

在图 3-52 中的（最终）测量值是 20 mm＋0.15 mm＝20.15 mm。

2. 使用顺序

使用前的检查确认有以下几点：

（1）在测量面上，不允许有折断、缺口、弯曲等损伤。

（2）当对好零点时，在测量间不允许有间隙。

（3）在被测件上，不许有粘污、油等。

3. 使用方法

在此主要说明数显卡尺的使用方法，与游标卡尺使用方法相同。

（1）外侧测量，如图 3-53 所示，测量轴的直径和厚度等。

①闭合外量爪。

②显示变成零（清零或复位）。

③拉开滑动器，以便能夹住被测件。

④用外量爪夹住被测件的测量处。

⑤闭合滑动器，使外量爪接触到测量处，并在此稳定状态下，用手指以适当的力夹紧时所显示的值就是测量值。

（2）内侧测量，如图 3-54 所示，测量孔的直径和槽宽等。

①闭合外量爪。

②显示变成零。

③把内半爪插入被测件里。

④拉开滑动器，使夹片挨到测量处，并在此稳定状态下，用手指以适当的力拉紧时所显示的值就是测量值。

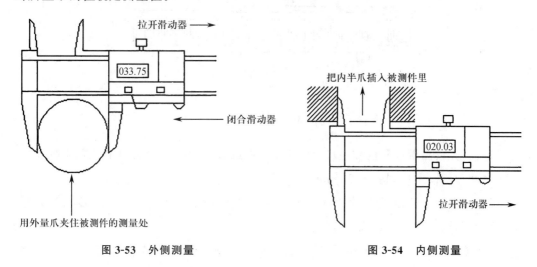

图 3-53　外侧测量　　　　　　　　　　图 3-54　内侧测量

（二）千分尺

刻度显示千分尺（图 3-55）

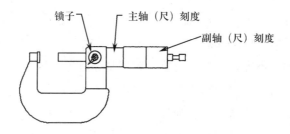

图 3-55　千分尺

1. 刻度读取方法

（1）数显千分尺　测量值：直接读出所显示的数据。

（2）刻度显示千分尺　测量值：主轴刻度＋副轴刻度

根据图 3-56 所示的主轴和副轴放大图，说明如下。

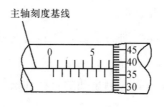

图 3-56　千分尺读数

①首先读出副轴边缘在主轴上的刻度。在图 3-56 中，由于其边缘在主轴上处于 7 和 7.5 之间，所以主轴刻度是 7 mm。

②读取和主轴刻度基线重合的副轴刻度。在图 3-56 中，主轴刻度基线对齐到副轴上的 37 和 38 之间位置，再根据刻度分量读出其分刻度，就可得 0.4，因此副轴刻度是 37.4。

③在②中得到的数据乘以主轴 1 个刻度的单位。在图 3-56 中，由于主轴 1 个刻度单位是 0.1 mm，因此 0.01×37.4＝0.374 mm。

④把①和②的结果相加，就得到最终测量值。在图 3-56 中，其测量值是 7 mm＋0.374 mm＝7.374 mm

2. 使用顺序

使用前的检查确认。

（1）在测量面（基准面，锭子）上，不能有缺口、异物附着现象。

（2）旋转棘轮，检查确认，锭子移动顺利。

（3）用棘轮旋转移动锭子，使基准面和锭子缓慢地接触，然后再空转棘轮 2～3 次。在此时，检查确认基点（零点）正确。①数显千分尺：进行复位，使显示为 00.000。②刻度显示千分尺：确认主轴零点和副轴零点重合，如果不重合，需通过调整千分尺主轴来使主轴零点与副轴零点重合。

（4）在被测件的测量处上，不许有粘污、油等异物。

3. 使用方法

（1）千分尺的保持方法　在测量时对被测件施加的压力是由棘轮来控制，旋转副轴进行加压和棘轮来加压是相关的，因此要充分利用此关系。

（2）测量顺序

①用一只手轻轻拿起被测件。

②旋转副轴，扩大基准面和锭子间的间距，然后把被测件夹进去。

③旋转副轴，使测量面和被测件轻轻接触。

④然后再旋转棘轮，当棘轮旋转 2～3 次时，所显示的数据就是测量值（金属硬物等测量适用）；反向缓慢旋转副轴，当被测件在测量面间可移动时，所显示的数据就是测量值（塑料件等测量适用）。

（3）在测量上的注意点

①必须正确、确实地把被测件的测量处，夹在基准面和锭子内（图 3-57）。

②在数显千分尺里装有自动停显装置，因此平时是不显示的，但一旦旋转副轴就开始显示，便可开始测量，所以如果零点不准，就有可能带来误差。这种场合的追溯处理是困难的，因此在使用前必须进行零点调整。

（4）使用后的处理

图 3-57　被测零件摆放位置

①在使用后，不要使基准面和锭子紧密接触，而是要留出间隙（0.5～1 mm）并紧锁。

②如果要长时间保管时，必须用清洁布或纱布来擦净会成为腐蚀源的油、水、灰尘等后，涂敷低黏度的高级矿物油或防锈剂。

（三）百分表

（1）测量前应将测杆、测头及工件擦净，装夹表头时夹紧力不宜过大，以免套筒变形及测杆移动不灵活。

（2）测量时应把表装夹在表架或其他可靠的支架上，否则会影响测量精度。

（3）使用百分表对批量工件进行比较测量时，要选用量块或其他标准量具调整百分表指针对准零位，然后把被测工件置放在测头下，观察指针偏摆记取读数，确定被测工件误差。

（4）测量平面时，测杆应与被测平面垂直；测量圆柱面时，测杆轴线应通过被测表面的轴线，并与其水平垂直。同时根据被测工件的形状，粗糙度等来选用测量头。

（5）为了保证测量力一定，使测头在工件上至少要压缩 20～25 个分度，将指针与刻度盘零位对准，然后轻提测杆 1～2 mm，放手使其自行复原，试提 2～3 次，若指针停在其他位置上应重新调整零位。

（6）读数时视线要垂直于表盘观读，任何偏斜观读都会造成读数误差。

二、车削加工基础

（一）车削的加工范围

车削加工是机械加工中应用最为广泛的方法之一。在机械加工车间中，车床约占机床总数的一半。无论是在成批大量生产，还是在单件小批量生产以及在机械的维护修理方面，车削加工都占有重要的地位。车削加工是车床上利用工件的旋转和刀具的移动来加工轴类、盘类和套类等回转类零件的方法，如图 3-58 所示，其中包括内外圆柱面、内外圆锥面、成型面、端面、沟槽及滚花等。

普通车床加工尺寸精度一般为 IT7～IT9，表面粗糙度值 $R_a＝1.6～6.3\ \mu m$。

车床的种类很多，主要有立式车床、卧式车床、转塔车床、自动及半自动车床、仪表车床和数控车床等（图 3-59）。

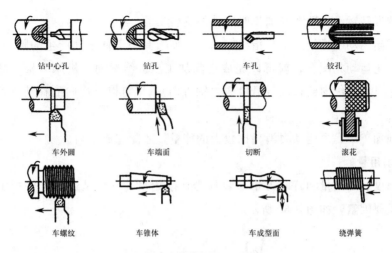

钻中心孔　　　钻孔　　　车孔　　　铰孔

车外圆　　　车端面　　　切断　　　滚花

车螺纹　　　车锥体　　　车成型面　　　绕弹簧

图 3-58　车床的加工范围

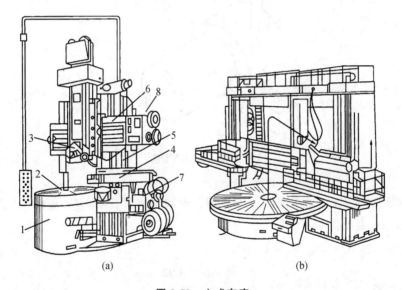

(a)　　　　　　　　　(b)

图 3-59　立式车床

（a）单柱式　　（b）双柱式

1. 底座；2. 工作台；3. 垂直刀架；4. 侧刀架；5. 立柱；6. 横架；7. 侧刀架进给箱；8. 垂直刀架进给箱

（二）切削运动与切削用量

1. 切削运动

为了使车刀能够从工件上切下多余的金属，必须使刀具与工件之间产生相对运动，从而获得毛坯形状精度、尺寸精度和表面质量都符合技术要求的工件的加工方法。根据刀具与工件的相对运动对切削过程所起的不同作用，可以把切削运动分为主运动和进给运动。

（1）主运动　主运动是指机床提供的主要运动。主运动使刀具和工件之间产生相对运动，从而使刀具的前刀面接近工件并对加工余量进行剥离。在车床上，主运动是

机床主轴的回转运动，即车削加工时工件的旋转运动。

（2）进给运动　进给运动是指机床提供的使刀具与工件之间产生的附加相对运动。进给运动与主运动相配合，就可以完成切削加工。进给运动是机床刀架（溜板）的直线运动。它可以是纵向的移动（沿机床主轴方向），也可以是横向的移动（垂直于机床主轴方向）。

在车削加工中，主运动要消耗比较大的能量，才能完成切削。

2. 切削用量

切削速度、进给量和背吃刀量三者称为切削用量。它们是影响工件加工质量和生产效率的重要因素，如图 3-60 所示。

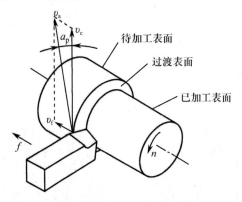

图 3-60　车削原理图

（1）切削速度（v）　车削时，工件加工表面最大直径处的线速度称为切削速度，用 v（m/min）表示。

其计算公式：

$$v = \pi d n / 1\,000$$

式中：v—切削速度（m/min）

　　　　d—工件待加工表面的直径（mm）

　　　　n—车床主轴每分钟的转数（r/min）

（2）进给量（f）　对于不同种类的机床，进给量的单位是不同的，对于普通车床，进给量为工件每转一周，车刀所移动的距离，单位为 mm/r；对于数控车床，由于其控制原理与普通车床不同，进给量也可以用刀具在单位时间内沿进给方向上相对于工件的位移量，单位为 mm/min。

（3）切深（a_p）　又称背吃刀量，是指已加工表面和待加工表面之间的垂直距离。其计算公式：

$$a_p = (d_w - d_m) / 2$$

式中：a_p—切深（mm）

d_w—工件待加工表面的直径（mm）

d_m—工件已加工表面的直径（mm）

为了保证加工质量和提高生产效率，零件加工应按粗加工、半精加工和精加工分阶段进行。中等精度的零件，一般按粗车到精车的方案进行即可。

粗车的目的是尽快地从毛坯上切去大部分的加工余量，使工件接近要求的形状和尺寸。粗车以提高生产效率为主，在生产中加大切削深度，对提高生产效率最有利。其次适当加大进给量，而采用中等或中等偏低的切削速度。使用高速钢车刀进行粗车的切削用量推荐如下：背吃刀量 a_p＝0.8～1.5 mm，进给量 f＝0.2～0.3 mm/r，切削速度 v 取 30～50 m/min（切钢）。

粗车铸、锻件毛坯时，因工件表面有硬皮，为保护刀尖，应先车端面或倒角，第一次切深应大于硬皮厚度。若工件夹持的长度较短或表面凹凸不平，切削用量则不宜过大。

粗车应留有 0.5～1 mm 作为精车余量。粗车后的精度为 IT11～IT14，表面粗糙度 R_a 值一般为 6.3～12.5 μm。

精车的目的是保证零件尺寸精度和表面粗糙度的要求，生产效率应在此前提下尽可能提高。一般精车的精度为 IT7～IT8，表面粗糙度值 R_a＝0.8～3.2 μm，所以精车是以提高工件的加工质量为主。切削用量应选用较小的背吃刀量 a_p＝0.1～0.3 mm 和较小的进给量 f＝0.05～0.2 mm/r，切削速度可取大些。

精车中为了保证加工表面的粗糙度可以采取的主要措施包括：

（1）合理选用切削用量。选用较小的背吃刀量 a_p 和进给量 f，可减小残留面积，使 R_a 值减小。

（2）适当减小副偏角 Kr′，或刀尖磨有小圆弧，以减小残留面积，使 R_a 值减小。

（3）适当加大前角 γ_0，将刀刃磨得更为锋利，使 R_a 值减小。

（4）用油石加机油打磨车刀的前、后刀面，使其 R_a 值达到 0.1～0.2 μm，可有效减小工件表面的 R_a 值。

（5）合理使用切削液，也有助于减小加工表面粗糙度 R_a 值。低速精车使用乳化液或机油；若用低速精车铸铁应使用煤油，高速精车钢件和较高速精车铸铁件，一般不使用切削液。

三、普通卧式车床

（一）机床型号的编制方法

机床型号是用来表示机床的类别、特性、组别和主要参数的代号。按照 GB/T15375—2008《金属切削机床型号编制方法》的规定，机床型号由汉语拼音字母及阿拉伯数字组成，现举例如下：

如，CM6132A。

其中，C—机床类别代号（车床类）；

M—机床通用特性代号（精密机床）；

6—机床组别代号（落地及卧式车床组）；

1—机床系别代号（卧式车床系）；

32—主参数代号（床身上最大回转直径的 1/10，即最大回转直径 320mm）；

A—重大改进次序代号（第一次重大改进）。

（二）普通车床的组成及其功能

卧式车床是车床中应用最广泛的一种类型，CA6140 车床由床身、主轴箱、进给箱、光杠、丝杠、溜板箱、刀架、床腿和尾架等部分组成，如图 3-61 所示。

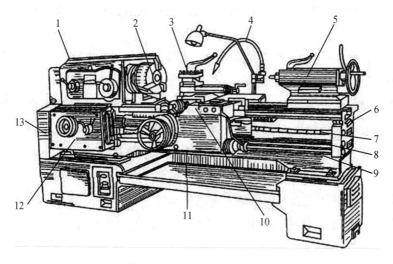

图 3-61　CA6140 卧式车床

1. 主轴箱；2. 卡盘；3. 刀架；4. 切削液管；5. 尾架；6. 床身；7. 丝杠；8. 光杠；

9. 操纵杆；10. 大溜板；11. 溜板箱；12. 进给箱；13. 挂轮箱

1. 床身

床身是车床的基础零件，用来支承和安装车床的各部件，保证其相对位置，如主轴箱、进给箱、溜板箱等。床身具有足够的刚度和强度，床身表面精度很高，以保证各部件之间有正确的相对位置。床身上有四条平行的导轨，供床鞍（刀架）和尾架相对于主轴箱进行正确的移动，为了保持床身表面精度，在操作车床中应注意维护保养。

2. 床头箱

床头箱又称主轴箱，用以支承主轴并使之旋转。主轴为空心结构。其前端外锥面安装三爪自动定心卡盘等附件来夹持工件，前端内锥面用来安装顶尖，细床长孔可穿入长棒料。箱内有变速齿轮，由电动机带动箱内的齿轮轴转动，通过改变变速箱内的齿轮搭配（啮合）位置，得到不同的转速，改变主轴转速。

3. 进给箱

进给箱又称走刀变速箱，内装进给运动的变速齿轮，可调整进给量和螺距，并将运动传至光杠或丝杠。

4. 光杠、丝杠

光杠、丝杠将进给箱的运动传给溜板箱。光杠用于一般车削的自动进给，不能用于车削螺纹；丝杠用于车削螺纹。

5. 溜板箱

溜板箱又称拖板箱，与刀架相连，是车床进给运动的操纵箱。它可将光杠传来的旋转运动变为车刀的纵向或横向的直线进给运动；可将丝杠传来的旋转运动，通过"开合螺母"直接变为车刀的纵向移动，用以车削螺纹。

6. 刀架

刀架用来夹持车刀并使其作纵向、横向或斜向进给运动（图 3-62）。它包括以下部分：

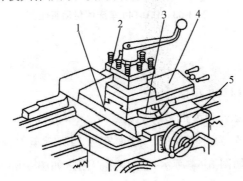

图 3-62 刀架的组成

1. 中溜板；2. 方刀架；3. 转盘；4. 小刀架；5. 大溜板

（1）大溜板   与溜板箱连接，带动车刀沿床身导轨纵向移动，其上面有横向导轨。

（2）中溜板   它可沿大拖板上的导轨横向移动，用于横向车削工件及控制切削深度。

（3）转盘   与中溜板连接，用螺栓紧固。松开螺母，转盘可在水平面内转动任意角度。

（4）小刀架   它控制长度方向的微量切削，可沿转盘上面的导轨作短距离移动，将转盘偏转若干角度后，小刀架作斜向进给，可以车削圆锥体。

（5）方刀架   它固定在小刀架上，可同时安装四把车刀，松开手柄即可转动方刀架，把所需要的车刀转到工作位置上。

7. 尾架

尾架安装在床身导轨上。在尾架的套筒内安装顶尖，支承工件；也可安装钻头、铰刀等刀具，在工件上进行孔加工；将尾架偏移，还可用来车削圆锥体。

（三）CA6140 车床的传动系统

CA6140 车床的传动路线，如图 3-63 所示：

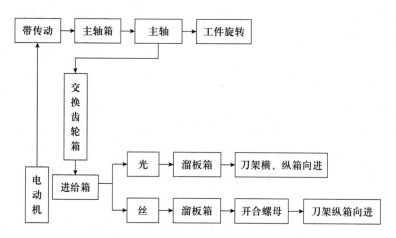

图 3-63　CA6140 车床的传动系统

四、车削刀具

（一）车刀种类、材料与用途

车刀可根据不同的要求分为很多种类。

车刀按用途不同可分为外圆车刀、端面车刀、切断车刀、内孔车刀、圆头车刀、螺纹车刀和成形车刀，如图 3-64 所示，常用车刀用途如图 3-65 所示。

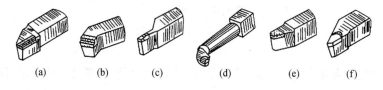

（a）　　　（b）　　　（c）　　　（d）　　　（e）　　　（f）

图 3-64　常用车刀

（a）外圆车刀（90°车刀）　（b）端面车刀（45°车刀）　（c）切断车刀　（d）内孔车刀

（e）圆头车刀　（f）螺纹车刀

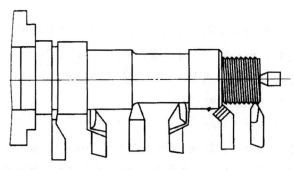

图 3-65　常用车刀的用途

车刀按其结构的不同可分为：整体式车刀、焊接式车刀、机械夹固式车刀，如图3-66所示。

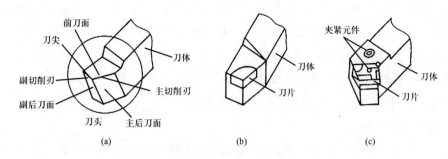

图 3-66　车刀的结构形式

（a）整体式　　（b）焊接式　　（c）机械夹固式

在切削过程中，刀具的切削部分要承受很大的压力、摩擦、冲击和很高的温度。因此，刀具材料必须具备高硬度、高耐磨性、足够的强度和韧性，还需具有高的耐热性（红硬性），即在高温下仍能保持足够硬度的性能。

（二）常用车刀材料主要有高速钢和硬质合金

1. 高速钢

高速钢又称锋钢或白钢，它是以钨、铬、钒、钼为主要合金元素的高合金工具钢。高速钢淬火后硬度为 63～67 HRC，其红硬温度 550～600℃，允许的切削速度为 25～30 m/min。

高速钢有较高的抗弯强度和冲击韧性，可以进行铸造、锻造、焊接、热处理和零件的切削加工，有良好的磨削性能，刃磨质量较高，故多用来制造形状复杂的刀具，如钻头、铰刀、铣刀等，亦常用作低速精加工车刀和成形车刀。常用的高速钢牌号为 W18Cr4V 和 W6Mo5Cr4V2 两种。

2. 硬质合金

硬质合金是用高耐磨性和高耐热性的 WC（碳化钨）、TiC（碳化钛）和 Co（钴）的粉末经高压成形后再进行高温烧结而制成的，其中 Co 起黏结作用，硬质合金的硬度为 74～82 HRC，有很高的红硬温度。在 800～1 000℃的高温下仍能保持切削所需的硬度，硬质合金刀具切削一般钢件的切削速度可达 100～300 m/min，可用这种刀具进行高速切削，其缺点是韧性较差，较脆，不耐冲击。硬质合金一般制成各种形状的刀片，焊接或夹固在刀体上使用。

常用的硬质合金有钨钴和钨钛钴两大类：

（1）钨钴类（YG）　由碳化钨和钴组成，适用于加工铸铁、青铜等脆性材料。

常用牌号有 YG3、YG6、YG8 等，后面的数字表示含钴量的百分比，含钴量愈高，其承受冲击的性能就愈好。因此，YG8 常用于粗加工，YG6 和 YG3 常用于半精加工和精加工。

（2）钨钛钴类（YT）　由碳化钨、碳化钛和钴组成，加入碳化钛可以增加合金的耐磨性，可以提高合金与塑性材料的黏结温度，减少刀具磨损，也可以提高硬度；但韧性差，更脆、承受冲击的性能也较差，一般用来加工塑形材料，如各种钢材。

常用牌号有 YT5、YT15、YT30 等，后面数字是碳化钛含量的百分数，碳化钛的含量愈高，红硬性愈好；但钴的含量相应愈低，韧性愈差，愈不耐冲击，所以 YT5 常用于粗加工，YT15 和 YT30 常用于半精加工和精加工。

3. 特种刀具材料

（1）涂层刀具材料　这种材料是韧性较好的硬质合金基体上或高速钢基体上，采用化学气相沉积（CVD）法或物理气相沉积（PVD）法涂覆一薄层硬质和耐磨性极高的难熔金属化合物而得到刀具材料。常用的涂层材料有 TiC、TiN、Al_2O_3 等。

（2）陶瓷材料　其主要成分是 Al_2O_3。陶瓷刀片的硬度可达 78 HRC 以上，能耐 $1\,200\sim1\,450℃$ 的高温，故能承受较高的切削温度。但抗弯强度低，怕冲击，易崩刃。主要用于钢、灰铸铁、淬火铸铁、球墨铸铁，耐热合金及高精度零件的精加工。

（3）金刚石　金刚石材料分为人造金刚石和天然金刚石两种。一般采用人造金刚石作为切削刀具材料。其硬度高，可达 10 000 HV（一般的硬质合金仅为 $1\,300\sim1\,800$ HV）。其耐磨性是硬质合金的 $80\sim120$ 倍，但韧性较差，对铁族亲和力大，因此一般不适合加工黑色金属，主要用于有色金属以及非金属材料的高速精加工。

（4）立方氮化硼（CBN）　立方氮化硼是人工合成的一种高硬度材料，其硬度可达 $7\,300\sim9\,000$ HV，可耐 $1\,300\sim1\,500℃$ 的高温，与铁族亲和力小，其强度低，焊接性差。目前主要用于加工淬硬钢、冷硬铸铁、高温合金和一些难加工的材料。

（三）　车刀的组成与几何角度

1. 车刀的组成

车刀由刀头和刀体两部分组成。刀头用于切削，刀体（夹持部分）用于安装。刀头一般由三面、两刃、一尖组成（图 3-67）。

（1）前刀面　是切屑流经过的表面。

（2）主后刀面　是与工件切削表面相对的表面。

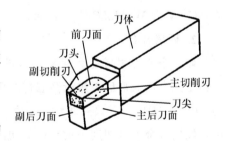

图 3-67　车刀的组成

（3）副后刀面　是与工件已加工表面相对的表面。

（4）主切削刃　是前刀面与主后刀面的交线，担负主要的切削工作。

（5）副切削刃　是前刀面与副后刀面的交线，担负少量的切削工作，起一定的修光作用。

（6）刀尖　是主切削刃与副切削刃的相交部分，一般为一小段过渡圆弧。

2. 车刀的主要角度及其作用

为了确定车刀的角度，要建立三个坐标平面：基面 P_r、切削平面 P_s 和正交平面 P_o 组成的参考系（图3-68）。

（1）车刀的三个坐标平面

①基面（P_r）：是指通过切削刃上的一个选定点而垂直于主运动方向的平面。对于车刀，这个选定点就是刀尖，而基面就是过刀尖而与刀柄安装平面平行的平面。

②切削平面（P_s）是指通过切削

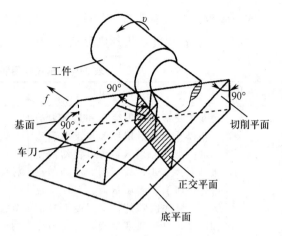

图3-68　车刀的三个坐标平面

刃上的一个选定点而垂直于基面的平面。对于一般切削刃为直线的车刀，这个平面就是包含切削刃而与刀柄安装平面垂直的平面。

③正交平面（P_o）是指通过切削刃选定点并同时垂直于基面和切削平面的平面。也就是经过刀尖并垂直于切削刃在基面上投影的平面。

（2）车刀的主要角度　车刀的主要角度有：前角（γ_o）、后角（α_o）、主偏角（K_r）、副偏角（K_r'）和刃倾（λ_s），如图3-69所示。

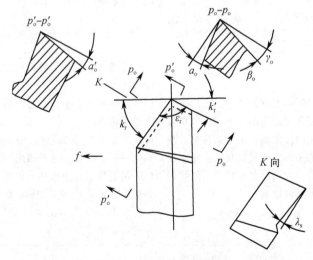

图3-69　车刀的主要角度

①前角 γ_o 在主剖面中测量，是前刀面与基面之间的夹角。

②后角 α_o 在主剖面中测量，是主后面与切削平面之间的夹角。

③主偏角 K_r 在基面中测量，它是主切削刃在基面的投影与进给方向的夹角。

④副偏角 K_r' 在基面中测量，是副切削刃在基面上的投影与进给反方向的夹角。

⑤刃倾角 λ_s 在切削平面中测量，是主切削刃与基面的夹角。

它们的角度作用和选用原则见表3-18。

表 3-18　角度作用和选用原则

刀具角度	角度的作用	选用原则
前角	前角主要影响切屑变形和切削力的大小以及刀具耐用度和加工表面质量的高低前角增大，可以使切削变形和摩擦变小，故切削力小切削热降低，加工表面质量高。但前角过大，刀具强度降低，耐用度下降前角减小，刀具强度降提高，切屑变形增大，易断屑。但前角过小，会使切削力和切削热增加，刀具耐用度也随之降低	(1) 工件材料：塑形材料选用较大的前角；脆性材料选用较小的前角 (2) 刀具材料：高速钢选用较大的前角；硬质合金选用较小的前角，可取 $\gamma_0 = 10° \sim 20°$ (3) 加工过程：精加工选用较大的前角；粗加工选用较小的前角
后角	后角的主要功能是减小主后刀面与过渡表面层之间的摩擦，减轻刀具的磨损后角减小，可使主后刀面与工件表面间的摩擦加剧，刀具磨损增大，工件冷硬程度增加，加工表面质量差后角增大，则摩擦减小，也减小了刃口钝圆半径，对切削厚度较小的情况有利，但使刀刃强度和散热情况变差	(1) 工件材料：工件硬度、强度较高以及脆性材料选用较小的后角 (2) 加工过程：精加工选用较大的后角；粗加工选用较小的后角 (3) 一般取 $\alpha_0 = 6° \sim 12°$
主偏角	主偏角可影响刀具耐用度、已加工表面粗糙度及切削力的大小。主偏角较小，刀片的强度高，散热条件好。参加切削的主切削刃长度长，作用主切削刃上的平均切削负荷减小。但切削厚度小，断屑效果差	(1) 工件材料：加工淬火钢等硬质材料时，主偏角较大 (2) 使用硬质合金刀具进行精加工时，应选用较大的主偏角 (3) 用于单件小批量生产的车刀，主偏角应选45°或90°，提高刀具的通用性 (4) 需要从工件中间切入的车刀，例如加工阶梯轴的工件，应根据工件形状选择主偏角 (5) 车刀常用的主偏角有45°、60°、75°、90°等几种，其中多用45°
副偏角	副偏角的功能在于减小副切削刃与已加工表面的摩擦。减小副偏角可以提高刀具强度，改善散热条件，但可能增加副后刀面与已加工表面的摩擦，引起振动	(1) 在不引起震动的情况下，刀具应选择较小的副偏角 (2) 精加工刀具的副偏角应更小一些 (3) 一般选取 $K_r' = 5° \sim 15°$

续表 3-18

刀具角度	角度的作用	选用原则
刃倾角	刃倾角主要影响切屑流向和刀尖强度刃倾角为正值,切削开始时刀尖与工件先接触,切屑流向待加工表面,可避免缠绕和划伤已加工表面,对半精车加工、精车加工有利刃倾角为负值,切削开始时刀尖后接触工件,切屑流向已加工表面,容易将已加工表面划伤;在粗加工开始,尤其是在断续切削时,可避免刀尖受冲击,起到保护刀尖的作用	(1) 粗加工刀具应选用刃倾角＜0°,使刀具应具有良好的强度和散热条件 (2) 精加工刀具应选用刃倾角＞0°,使切屑流向待加表面,提高加工质量 (3) 断续切削(如车床的粗加工)应选用刃倾角＜0°,以提高刀具强度 (4) 工艺系统的整体刚性较差时,应选用数值较大的负刃倾角,以减小震动 (5) 一般在−5°～+5°之间选取

案例:不锈钢材质零件切削加工

2Cr13 不锈钢淬火状态下硬度高、耐蚀性良好使其应用范围非常广,例如制造外科医疗工具、医用剪刀等和要求具有一定耐锈蚀能力的轴承钢、阀门、弹簧等。

但 2Cr13 不锈钢切削加工时具有切削力大、切削温度高等特点,对刀具材料提出了强度、耐磨性的较高要求。同时加工时容易黏刀且不易断屑更加重了切削的困难。

对于 2Cr13 不锈钢类的材料切削,刀具应选用强度高、导热性好的硬质合金。常用的硬质合金材料有:钨钴敛类(YT5、YTl5、YT30)、钨钴类(YG6、YG8)、通用类(YWl、YW2)等。由于 YWl、YW2 牌号具有一定的强度和较好的红硬性、耐磨性及抗黏结性,我们主要采用此种牌号的硬质合金刀具进行不锈钢的车削加工。

对于其不易断屑的特征,我们在 YW1 或 YW2 牌号的硬质合金刀具基础上,前刀面开断屑槽,使其加工出来的铁屑自动断成 3～5cm 的铁屑,不容易伤人。

基于以上刀具材质和断屑槽的选择,可以使得在加工 2Cr13 不锈钢类的材料时保证一定的切削效率和工件精度,同时延长刀具寿命,也可以避免铁屑伤人事故。

五、安装工件及所用附件

在车床上安装工件所用的附件有三爪卡盘、四爪卡盘、顶尖、花盘、心轴、中心架和跟刀架等。安装工件的主要要求是位置准确、装夹牢固。

(一)三爪卡盘安装工件

在车床上装夹工件的基本要求是定位准确,夹紧可靠。车削时必须把工件夹在车床的夹具上,经过校正、夹紧,使它在整个加工过程中始终保持正确的位置。在车床上安装工件应使被加工表面的轴线与车床主轴回转轴线重合,保证工件处于正确的位置;同时要将工件夹紧,以防止在切削力的作用下,工件松动或脱落,保证工作安全和加工精度。

车床上安装工件的通用夹具(车床附件)很多,其中三爪卡盘用得最多,如图 3-70 所示。由于三爪卡盘的三个爪是同时移动自行对中的,故适宜安装短棒或盘类工件。

反三爪用以夹持直径较大的工件。由于制造误差和卡盘零件的磨损等原因，三爪卡盘的定心准确度为 0.05～0.15 mm。工件上同轴度要求较高的表面，应在一次装夹中车出。

三爪卡盘是靠其连接盘上的螺纹直接旋装在车床主轴上。

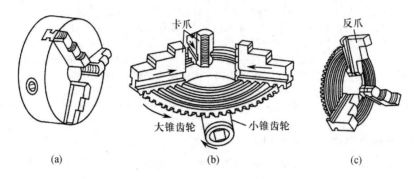

图 3-70　三爪自动定心卡盘

卡爪张开时，其露出卡盘外圆部分的长度不能超过卡爪的一半，以防卡爪背面螺旋脱扣，甚至造成卡爪飞出事故。若需夹持的工件直径过大，则应采用反爪夹持。

（二）三爪卡盘安装工件的步骤

（1）工件在卡爪间放正，轻轻夹紧。

（2）开机，使主轴低速旋转，检查工件有无偏摆。若有偏摆，应停车，然后轻敲工件纠正，拧紧三个卡爪，紧固后，须随即取下扳手，以保证安全。

（3）移动车刀至车削行程纵向的最左端，用手转动卡盘，检查横向进刀时是否与刀架相撞。车床上三爪卡盘安装工件举例示意，如图 3-71 所示。

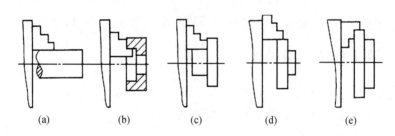

图 3-71　三爪卡盘安装工件举例
（a）正爪装夹　（b）正爪装夹　（c）正爪装夹　（d）正爪装夹　（e）反爪装夹

（三）四爪卡盘安装工件

1. 四爪单动卡盘的特点

四爪单动卡盘（图 3-72）有四个互不相关的卡爪（图 3-72 中 1，2，3，4），各卡爪的背面有一瓣内螺纹与一螺杆相啮合。螺杆端部有一方孔，当用卡盘扳手转动某一螺杆时，相应的卡爪即可移动。如将卡爪调转 180°安装，即成反爪。

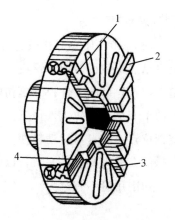

图 3-72　四爪单动卡盘

1.1 号卡爪　2.2 号卡爪　3.3 号卡爪　4.4 号卡爪

　　四爪卡盘由于四个卡爪均可独立移动，因此可安装截面为方形、长方形、椭圆以及其他不规则形状的工件。同时，四爪卡盘比三爪卡盘的夹紧力大，所以常用来安装较大的圆形工件。由于四爪单动卡盘的四个卡爪是独立移动的，在安装工件时须进行仔细的找正工件，一般用划针盘按工件内外圆表面或预先划出的加工线找正，其定位精度较低，为 0.2～0.5 mm。用百分表按工件精加工表面找正，其定位精度可达 0.01～0.02 mm。

2. 工件的找正

　　（1）找正外圆　先使划针靠近工件外圆表面，如图 3-73（a）所示，用手转动卡盘，观察工件表面与划针间的间隙大小，然后根据间隙大小调整卡爪位置，调整到各处间隙均等为止。

　　（2）找正端面　先使划针靠近工件的边缘处，如图 3-73（b）所示，用手转动卡盘，观察工件端面与划针间的间隙大小，然后根据间隙大小调整工件端面，调整时可用铜锤或铜棒敲击工件端面，调整到各处间隙均等为止。

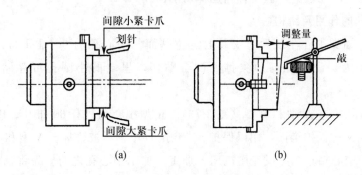

（a）　　　　　　　　　　　　　　　　（b）

图 3-73　工件的找正方法

（a）找正外圆　（b）找正端面

3. 使用四爪单动卡盘时的注意事项

（1）夹持部分不宜过长，一般为 10~15 mm 比较适宜。

（2）为防止夹伤工件，装夹已加工表面时应垫铜皮。

（3）找正时应在导轨上垫上模板，以防工件掉下砸伤床面。

（4）找正时不能同时松开两个卡爪，以防工件掉下。

（5）找正时主轴应放在空挡位置，使卡盘转动轻便。

（6）工件找正后，四个卡爪的夹紧力要基本一致，以防车削过程中工件位移。

（7）当装夹较大的工件时，切削用量不宜过大。

（四）双顶尖安装工件

较长的（长径比 $L/D=4\sim10$）或加工工序较多的轴类工件，常采用双顶尖安装。工件装夹在前、后顶尖之间，由卡箍（又称鸡心夹头）、拨盘带动工件旋转，如图 3-74 所示。

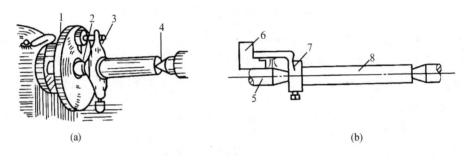

(a)   (b)

图 3-74　双顶尖安装工件

1. 拨盘；2、5. 前顶尖；3、7. 鸡心夹；4. 后顶尖；6. 卡爪；8. 工件

常用顶尖有普通顶尖（死顶尖）和活顶尖两种，如图 3-75 所示。在高速切削时，为了防止后顶尖与中心孔由于摩擦发热过大而磨损或烧坏，常采用活顶尖。由于活顶尖的准确度不如死顶尖高，故一般用于轴的粗加工或半精加工。轴的精度要求比较高时，后顶尖也应用死顶尖，但要合理选择切削速度。

1. 中心孔的作用及结构

中心孔是轴类工件在顶尖上安装的定位基面。中心孔的 60°锥孔与顶尖上的 60°锥面相配合，为保证锥孔与顶尖锥面配合贴切，里端的小圆孔可存储少量润滑油（黄油）。

中心孔常见的有 A 型和 B 型（图 3-76）。A 型中心孔只有 60°锥孔。B 型中心孔外端的 120°锥面又称保护锥面，用以保护 60°锥孔的外缘不被碰坏。A 型和 B 型中心孔，分别用相应的中心钻在车床或专用机床上加工。加工中心孔之前应先将轴的端面车平，防止中心钻折断。

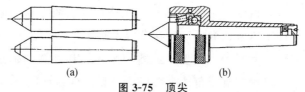

图 3-75　顶尖

（a）普通顶尖　（b）活顶尖

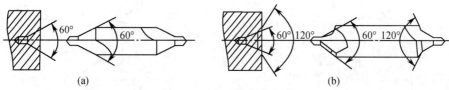

图 3-76　中心钻与中心孔

（a）A 型　（b）B 型

2. 顶尖的安装与校正

顶尖尾端锥面的圆锥角较小，所以前、后顶尖是利用尾部锥面分别与主轴锥孔和尾架套筒锥孔的配合而装紧的。因此，安装顶尖时必须先擦净顶尖锥面和锥孔，然后用力推紧。否则，装不正也装不牢。

校正时，将尾架移向主轴箱，使前、后两顶尖接近，检查其轴线是否重合。如不重合，需将尾架体作横向调节，使之符合要求。否则，车削的外圆将成锥面。

在两顶尖上安装轴件，两端是锥面定位，安装工件方便，不需校正，定位精度较高，经过多次调头或装卸，工件的旋转轴线不变，仍是两端 60°锥孔的连线。因此，可保证在多次调头或装卸中所加工的各个外圆有较高的同轴度。

（五）卡盘和顶尖配合装夹工件

由于双顶尖装夹刚性较差，因此车削轴类零件，尤其是较重的工件时，常采用一夹一顶装夹。为了防止工件轴向位移，须在卡盘内装一限位支撑，如图 3-77（a）所示；或利用工件的台阶作限位，如图 3-77（b）所示。由于一夹一顶装夹刚性好，轴向定位准确，且比较安全，能承较大的轴向切削力，因此应用广泛。

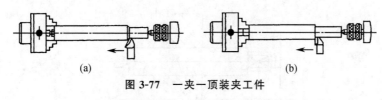

图 3-77　一夹一顶装夹工件

（a）采用限位支撑　（b）利用工件台阶限位

（六）花盘安装工件

花盘是安装在车床主轴上的一个大圆盘，其端面有许多长槽，用以穿放螺栓，压紧工件。花盘的端面需平整，且应与主轴中心线垂直。

花盘安装适于不能用卡盘装夹且形状不规则或大而薄的工件。当零件上需加工的平面相对于安装平面有平行度要求或加工的孔和外圆的轴线相对于安装平面有垂直度要求时，则可以把工件用压板、螺栓安装在花盘上加工，如图 3-78 所示。当零件上需加工的平面相对于安装平面有垂直度要求或需加工的孔和外圆的轴线相对于安装平面有平行度要求时，则可以用花盘、角铁（弯板）安装工件，如图 3-79 所示。角铁要有一定的刚度，用于贴靠花盘及安放工件的两个平面，应有较高的垂直度。

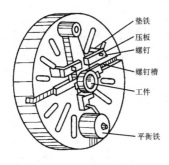

图 3-78　在花盘上安装工件

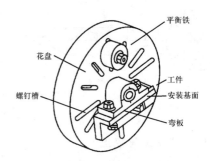

图 3-79　在花盘弯板上安装工件

当使用花盘安装工件时，往往重心偏向一边，因此需要在另一边安装平衡块，以减小旋转时的离心力不均而引起振动，并且主轴的转速应选得低一些。

（七）心轴安装工件

盘套类零件其外圆、内孔往往有同轴度要求，与端面有垂直度要求。因此，加工时要求在一次装夹中全部加工完毕，而实际生产中往往无法做到。如果把零件调头装夹再加工，则无法保证其位置精度要求。因此，可利用心轴安装进行加工。这时先加工孔，然后以孔定位，安装在心轴上，再把心轴安装在前、后顶尖之间来加工外圆和端面。

1. 锥度心轴

其锥度为 (1：2 000) ～ (1：5 000)。工件压入后，靠摩擦力与心轴固紧。锥度心轴对中准确，装夹方便，但不能承受较大的切削力，多用于盘套类零件外圆和端面的精车，如图 3-80 所示。

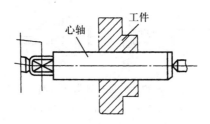

图 3-80　锥度心轴上装工件

2. 圆柱心轴

工件装入圆柱心轴后需加上垫圈，用螺母锁紧。其夹紧力较大，可用于较大直径盘类零件外圆的半精车和精车。圆柱心轴外圆与孔配合有一定间隙，对中性较锥度心轴差。使用圆柱心轴，为保证内外圆同轴，孔与心轴之间的配合间隙应尽可能小，如图 3-81 所示。

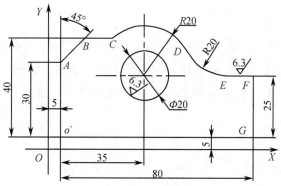

图 3-81　圆柱心轴上装工件

（八）　中心架和跟刀架的应用

加工细长轴（长径比 $L/D > 15$）时，为了防止工件受径向切削力的作用而产生弯曲变形，常用中心架或跟刀架作为辅助支承，以增加工件刚性。

1. 中心架

固定在床身导轨上使用，有 3 个独立移动的支撑爪，并可用紧固螺钉予以固定。使用时，将工件安装在前、后顶尖上，先在工件支撑部位精车一段光滑表面，再将中心架紧固于导轨的适当位置，最后调整 3 个支撑爪，使之与工件支撑面接触，并调整至松紧适宜。

中心架的应用如图 3-82 所示有两种情况：

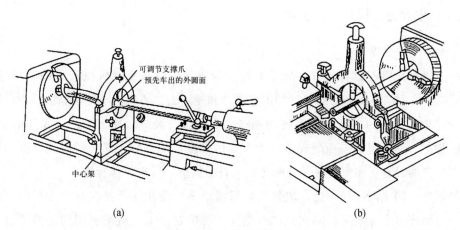

图 3-82　中心架的应用

（a）用中心架车外圆　　（b）用中心架车端面

（1）加工细长阶梯轴的各外圆，一般将中心架支承在轴的中间部位，先车右端各外圆，调头后再车另一端的外圆。

（2）加工长轴或长筒的端面，以及端部的孔和螺纹等，可用卡盘夹持工件左端，用中心架支撑右端。

2. 跟刀架

固定在大拖板侧面上，随刀架纵向运动。跟刀架有两个支承爪，紧跟在车刀后面起辅助支承作用。因此，跟刀架主要用于细长光轴的加工。使用跟刀架需先在工件右端车削一段外圆，根据外圆调整两支承爪的位置和松紧，然后即可车削光轴的全长，如图 3-83 所示。

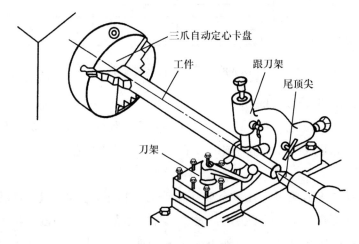

图 3-83　跟刀架的应用

使用中心架和跟刀架时，工件转速不宜过高，并需对支承爪加注机油滑润。

六、生产过程与工艺过程

（一）生产过程

生产过程是指把原材料（半成品）转变为成品的全过程。机械产品的生产过程，一般包括：①生产与技术的准备，如工艺设计和专用工艺装备的设计和制造，生产计划的编制，生产资料的准备；②毛坯的制造，如铸造、锻造、冲压等；③零件的加工，如切削加工、热处理、表面处理等；④产品的装配，如总装、部装、调试检验和油漆等；⑤生产的服务，如原材料、外购件和工具的供应、运输、保管等。

机械产品的生产过程一般比较复杂，目前很多产品往往不是在一个工厂内单独生产，而是由许多专业工厂共同完成的。例如：飞机制造工厂就需要用到许多其他工厂的产品（如发动机、电器设备、仪表等），相互协作共同完成一架飞机的生产过程。因此，生产过程即可以指整台机器的制造过程，也可以是某一零部件的制造过程。

（二）工艺过程

工艺过程是指在生产过程中改变生产对象的形状、尺寸、相对位置和性质等，使其成为成品或半成品的过程。如毛坯的制造、机械加工、热处理、装配等均为工艺过程。在工艺过程中，若用机械加工的方法直接改变生产对象的形状、尺寸和表面质量，使之成为合格零件的工艺过程，称为机械加工工艺过程。同样，将加工好的零件装配成机器使之达到所要求的装配精度并获得预定技术性能的工艺过程，称为装配工艺过程。

机械加工工艺过程和装配工艺过程是机械制造工艺学研究的两项主要内容。

七、机械加工工艺过程的组成

机械加工工艺过程是由一个或若干个顺序排列的工序组成的，而工序又可分为若干个安装、工位、工步和走刀，毛坯就是依次通过这些工序的加工而变成为成品的。

1. 工序

工序是指一个或一组工人，在一个工作地点对一个或同时对几个工件所连续完成的那一部分工艺过程。区分工序的主要依据，是工作地点（或设备）是否变动和完成的那部分工艺内容是否连续。例如加工孔的零件，需要进行钻孔和铰孔，如果一批工件中，每个工件都是在一台机床上依次地先钻孔，而后铰孔，则钻孔和铰孔就构成一个工序。如果将整批工件都是先进行钻孔，然后整批工件再进行铰孔，这样钻孔和铰孔就分成两个工序了。

工序不仅是组成工艺过程的基本单元，也是制订工时定额、配备工人、安排作业和进行质量检验的依据。

通常把仅列出主要工序名称的简略工艺过程称为工艺路线。

2. 安装与工位

工件在加工前，在机床或夹具上先占据正确位置，然后再夹紧的过程称为装夹。工件（或装配单元）经一次装夹后所完成的那一部分工艺内容称为安装。在一道工序中可以有一个或多个安装。工件加工中应尽量减少装夹次数，因为多一次装夹就多一次装夹误差，而且增加了辅助时间。因此生产中常用各种回转工作台，回转夹具或移动夹具等，以便在工件一次装夹后，可使其处于不同的位置加工。为完成一定的工序内容，一次装夹工件后，工件（或装配单元）与夹具或设备的可动部分一起相对刀具或设备固定部分所占据的每一个位置，称为工位。如一种利用回转工作台在一次装夹后顺序完成装卸工件、钻孔、扩孔和铰孔四个工位加工的实例。

3. 工步与走刀

（1）工步　工步是指被加工表面（或装配时的连接表面）和切削（或装配）工具不变的情况下所连续完成的那一部分工序。一个工序可以包括几个工步，也可以只有一个工步。一般来说，构成工步的任一要素（加工表面，刀具及加工连续性）改变后，即成为一个新工步。但下面指出的情况应视为一个工步。①对于那些一次装夹中连续进行的若干相同的工步应视为一个工步。两孔的加工，可以作为一个工步。② 为了提高生产率，有时用几把刀具同时加工一个或几个表面，此时也应视为一个工步。称为复合工步。

（2）走刀　在一个工步内，若被加工表面切去的金属层很厚，需分几次切削，则每进行一次切削就是一次走刀。一个工步可以包括一次走刀或几次走刀。

八、机械加工生产类型和特点

（一）生产纲领

企业在计划期内生产的产品数量和进度计划称为生产纲领。零件的年生产纲领，可按下式计算：

$$N＝Qn（1＋a\%＋b\%）$$

式中　N——零件的年生产纲领，件/年；

Q——产品的年生产纲领，台/年；

n——每台产品中该零件的数量，件/台；

$a\%$——备品的百分率；

$b\%$——废品的百分率。

生产纲领的大小对生产组织形式和零件加工过程起着重要的作用，它决定了各工序所需专业化和自动化的程度，决定了所应选用的工艺方法和工艺装备。

（二）生产类型和工艺特点

企业（或车间、工段、班组、工作地）生产专业化程度的分类称为生产类型。生产类型一般可分为：单件生产、成批生产、大量生产三种。

（1）单件生产　单件生产的基本特点是：生产的产品种类繁多，每种产品的产量很少，而且很少重复生产。例如，重型机械产品制造和新产品试制等都属于单间生产。

（2）成批生产　成批生产的基本特点是：分批生产相同的产品，生产呈周期性重复。如机床制造，电机制造等属于成批生产，成批生产又可按其批量大小分为小批量生产、中批量生产、大批量生产三种类型。其中，小批量生产和大批量生产的工艺特点分别与单件生产和大量生产的工艺特点类似；中批量生产的工艺特点介于小批量生产和大批量生产之间。

（3）大量生产　大量生产的基本特点是：产量大、品种少、大多数工作长期重复的进行某个零件某一道工序的加工。例如，汽车、拖拉机、轴承等的制造都属于大量生产。

生产类型的划分除了与生产纲领有关外，还应考虑产品的大小及复杂程度，生产类型不同，产品制造的工艺方法，所用的设备和工艺装备以及生产的组织形式等均不同。大量生产应尽可能采用高效率的设备和工艺方法，以提高生产率；单件小批量生产应采用通用设备和工艺装备，也可采用先进的数控机床，以降低各类生产类型的生产成本。

【业务经验】

一、机械加工工艺规程

（一）概述

机械加工工艺规程是规定零件机械加工工艺过程和操作方法等的工艺文件之一，它是在具体的生产条件下，把较为合理的工艺过程和操作方法，按照规定的形式书写成工艺文件，经审批后用来指导生产。机械加工工艺规程一般包括以下内容：工件加工的工艺路线，各工序的具体内容及所用的设备和工艺装备，工件的检验项目及检验方法，切削用量，时间定额等。

1. 机械加工工艺规程的作用

（1）指导生产的重要技术文件　工艺规程是依据工艺学原理和工艺试验，经过生产验证而确定的，是科学技术和生产经验的结晶。所以，它是获得合格产品的技术保证，是指导企业生产活动的重要文件。正因为这样，在生产中必须遵守工艺规程，否则常会引起产品质量的严重下降，生产率显著降低，甚至造成废品。但是，工艺规程也不是固定不变的，工艺人员应总结工人的革新创造，可以根据生产实际情况，及时地汲取国内外的先进工艺技术，对现行工艺不断地进行改进和完善，但必须要有严格的审批手续。

（2）生产组织和生产准备工作的依据　生产计划的制订，产品投产前原材料和毛坯的供应，工艺装备的设计，制造与采购，机床负荷的调整，作业计划的编排，劳动力的组织，工时定额的制订以及成本的核算等，都是以工艺规程作为基本依据的。

（3）新建和扩建工厂（车间）的技术依据　在新建和扩建工厂（车间）时，生产所需要的机床和其他设备的种类、数量和规格、车间的面积、机床的布置、生产工人的工种、技术等级及数量、辅助部门的安排等都是以工艺规程为基础，根据生产类型来确定。除此以外，先进的工艺规程也起着推广和交流先进经验的作用，典型工艺规程可指导同类产品的生产。

2. 工艺规程制订的原则

工艺规程制订的原则是优质、高产和低成本，即在保证产品质量的前提下，争取最好的经济效益。在具体制定时，还应注意以下问题：

（1）技术上的先进性　在制订工艺规程时，要了解国内外本行业工艺技术的发展，通过必要的工艺试验，尽可能采用先进适用的工艺和工艺装备。

（2）经济上的合理性　在一定的生产条件下，可能会出现几种能够保证零件技术要求的工艺方案。此时应通过成本核算或相互对比，选择经济上最合理的方案，使产品生产成本最低。

（3）良好的劳动条件及避免环境污染　在制订工艺规程时，要注意保证工人操作时有良好而安全的劳动条件。因此，在工艺方案上要尽量采取机械化或自动化措施，以减轻工人繁重的体力劳动。同时，要符合国家环境保护法的有关规定，避免环境污染。

产品质量、生产率和经济性这三个方面有时相互矛盾。因此，合理的工艺规程应该处理好这些矛盾，体现出三者的统一。

3. 制订工艺规程的原始资料

（1）产品全套装配图和零件图。

（2）产品验收的质量标准。

（3）产品的生产纲领（年产量）。

（4）毛坯资料　毛坯资料包括各种毛坯制造方法的技术经济特征；各种型材的品种和规格，毛坯图等；在无毛坯图的情况下，需实际了解毛坯的形状，尺寸及机械性能等。

（5）本厂的生产条件　为了使制订的工艺规程切实可行，一定要考虑本厂的生产条件。如了解毛坯的生产能力及技术水平；加工设备和工艺装备的规格及性能；工人技术水平以及专用设备与工艺装备的制造能力等。

（6）国内外先进工艺及生产技术发展情况　工艺规程的制订，要经常研究国内外有关工艺技术资料，积极引进适用的先进工艺技术，不断提高工艺水平，以获得最大的经济效益。

（7）有关的工艺手册及图册。

4. 制订工艺规程的步骤

（1）计算年生产纲领，确定生产类型。

（2）分析零件图及产品装配图，对零件进行工艺分析。

（3）选择毛坯。

（4）拟订工艺路线。

（5）确定各工序的加工余量，计算工序尺寸及公差。

（6）确定各工序所用的设备及刀具、夹具、量具和辅助工具。

（7）确定切削用量及工时定额。

（8）确定各主要工序的技术要求及检验方法。

（9）填写工艺文件。

在制订工艺规程的过程中，往往要对前面已初步确定的内容进行调整，以提高经济效益。在执行工艺规程过程中，可能会出现前所未有的情况，如生产条件的变化，新技术、新工艺的引进，新材料、先进设备的应用等，都要求及时对工艺规程进行修订和完善。

5. 工艺文件的格式

将工艺规程的内容，填入一定格式的卡片，即成为生产准备和施工依据的工艺文件。常用的工艺文件格式有以下几种：

（1）综合工艺过程卡片　这种卡片以工序为单位，简要地列出了整个零件加工所经过的工艺路线（包括毛坯制造，机械加工和热处理等），它是制订其他工艺文件的基础，也是生产技术准备，编排作业计划和组织生产的依据。

在这种卡片中，由于各工序的说明不够具体，故一般不能直接指导工人操作，而多作生产管理方面使用。但是，在单件小批生产中，由于通常不编制其他较详细的工艺文件，而是以这种卡片指导生产。

机械加工工艺卡片是以工序为单位，详细说明整个工艺过程的工艺文件。它是用来指导工人生产和帮助车间管理人员和技术人员掌握整个零件加工过程的一种主要技术文件，广泛用于成批生产的零件和小批生产中的重要零件。

（2）机械加工工序卡片　机械加工工序卡片是根据工艺卡片为每一道工序制订的。它更详细地说明整个零件各个工序的加工要求，是用来具体指导工人操作的工艺文件。在这种卡片上，要画出工序简图，注明该工序每一工步的内容，工艺参数，操作要求以及所用的设备和工艺装备。工序简图就是按一定比例用较小的投影绘出工序图，可略去图中的次要结构和线条，主视图方向尽量与零件在机床上的安装方向相一致，本工序的加工表面用粗实线或红色粗实线表示，零件的结构、尺寸要与本工序加工后的情况相符合，并标注出本工序加工尺寸及上下偏差，加工表面粗糙度和工件的定位及夹紧情况，用于大批量生产的零件。

（二）零件的工艺分析

在制订零件的机械加工工艺规程时，首先要对照产品装配图分析零件图，熟悉该产品的用途、性能及工作条件，明确零件在产品中的位置、作用及相关零件的位置关系；了解并研究各项技术条件制定的依据，找出其主要技术要求和技术关键，以便在拟定工艺规程时采用适当的措施加以保证，然后着重对零件进行结构分析和技术要求的分析。

1. 零件结构分析

零件的结构分析主要包括以下三方面：

（1）零件表面的组成和基本类型　尽管组成零件的结构多种多样，但从形体上加以分析，都是由一些基本表面和特形表面组成的。基本表面有内外圆柱表面，圆锥表面和平面等；特形表面主要有螺旋面，渐开线齿形表面，圆弧面（如球面）等。在零件结构分析时，根据机械零件不同表面的组合形成零件结构上的特点，就可选择与其

相适应的加工方法和加工路线，例如外圆表面通常由车削或磨削加工；内孔表面则通过钻、扩、铰、镗和磨削等加工方法获得。

机械零件不同表面的组合形成零件结构上的特点。在机械制造中，通常按零件结构和工艺过程的相似性，将各类零件大致分为轴类零件、套类零件、箱体类零件、齿轮类零件和叉架类零件等。

（2）主要表面与次要表面区分　根据零件各加工表面要求的不同，可以将零件的加工表面划分为主要加工表面和次要加工表面。这样，就能在工艺路线拟定时，做到主次分开以保证主要表面的加工精度。

（3）零件的结构工艺性　所谓零件的结构工艺性是指零件在满足使用要求的前提下，制造该零件的可行性和经济性。功能相同的零件，其结构工艺性可以有很大差异。所谓结构工艺性好，是指在现有工艺条件下，既能方便制造又有较低的制造成本。

2. 零件的技术要求分析

零件图样上的技术要求，既要满足设计要求，又要便于加工，而且齐全合理。其技术要求包括以下几个方面：

（1）加工表面的尺寸精度、形状精度和表面质量。

（2）各加工表面之间的相互位置精度。

（3）工件的热处理和其他要求，如动平衡、镀铬处理、去磁等。

零件的尺寸精度、形状精度、位置精度和表面粗糙度的要求，对确定机械加工工艺方案和生产成本影响很大。因此，必须认真审查，以避免过高的要求使加工工艺复杂化和增加不必要的费用。

在认真分析零件的技术要求后，结合零件的结构特点，对零件的加工工艺过程有了一个初步的轮廓。加工表面的尺寸精度、表面粗糙度和有无热处理要求，决定了该表面的最终加工方法，进而得出中间工序和粗加工工序所采用的加工方法。如轴类零件上 IT7 级精度，表面粗糙度 $R_a = 1.6\ \mu m$ 的轴颈表面，若不淬火，可用粗车、半精车、精车最终完成；若淬火，则最终加工方法选磨削，磨削前可采用粗车、半精车（或精车）等加工方法加工。表面间的相互位置精度，基本上决定了各表面的加工顺序。

（三）毛坯的选择

毛坯的确定，不仅影响毛坯制造的经济性，而且影响机械加工的经济性。所以在确定毛坯时，既要考虑热加工方面的因素，也要兼顾冷加工方面的要求，以便从确定毛坯这一环节中，降低零件的制造成本。

1. 机械加工中常用毛坯的种类

毛坯的种类很多，同一种毛坯又有多种制造方法，机械制造中常用的毛坯有以下几种：

（1）铸件　形状复杂的零件毛坯，宜采用铸造方法制造。目前铸件大多用砂型铸造，它又分为木模手工造型和金属模机器造型。木模手工造型铸件精度低，加工表面余量大，生产率低，适用于单件小批生产或大型零件的铸造。金属模机器造型生产率高，铸件精度高，但设备费用高，铸件的重量也受到限制，适用于大批量生产的中小铸件。其次，少量质量要求较高的小型铸件可采用特种铸造（如压力铸造，离心制造和熔模铸造等）。

（2）锻件　机械强度要求高的钢制件，一般要用锻件毛坯。锻件有自由锻造锻件和模锻件两种。自由锻造锻件可用手工锻打（小型毛坯），机械锤锻（中型毛坯）或压力机压锻（大型毛坯）等方法获得。这种锻件的精度低，生产率不高，加工余量较大，而且零件的结构必须简单，适用于单件和小批生产，以及制造大型锻件。

模锻件的精度和表面质量都比自由锻件好，而且锻件的形状也可较为复杂，因而能减少机械加工余量。模锻的生产率比自由锻高得多，但需要特殊的设备和锻模，故适用于批量较大的中小型锻件。

（3）型材　型材按截面形状可分为：圆钢、方钢、六角钢、扁钢、角钢、槽钢及其他特殊截面型材。型材有热轧和冷拉两类。热轧的型材精度低，但价格便宜，用于一般零件的毛坯；冷拉的型材尺寸较小，精度高，易于实现自动送料，但价格较高，多用于批量较大的生产，适用于自动机床加工。

（4）焊接件　焊接件是用焊接方法而获得的结合件，焊接件的优点是制造简单，周期短，节省材料；缺点是抗震性差，变形大，需经时效处理后才能进行机械加工。

除此之外，还有冲压件，冷挤压件，粉末冶金等其他毛坯。

2. 毛坯种类选择中应注意的问题

（1）零件材料及其力学性能　零件的材料大致确定了毛坯的种类。例如材料是铸铁和青铜的零件应选择铸件毛坯；钢质零件形状不复杂，力学性能要求不太高时可选型材；重要的钢质零件，为保证其力学性能，应选择锻件毛坯。

（2）零件的结构形状与外形尺寸　形状复杂的毛坯，一般用铸造方法制造。薄壁零件不宜用砂型铸造；中小型零件可考虑用先进的铸造方法；大型零件可用砂型铸造。一般用途的阶梯轴，如各阶梯直径相差不大，可用圆棒料；如各阶梯直径相差较大，为减少材料消耗和机械加工的劳动量，则宜选择锻件毛坯。尺寸大的零件一般选择自由锻造；中小型零件可选择模锻件；一些小型零件可做成整体毛坯。

（3）生产类型　大量生产的零件应选择精度和生产率都比较高的毛坯制造方法，如铸件采用金属模机器造型或精密铸造；锻件采用模锻，精锻；型材采用冷轧或冷拉型材；零件产量较小时应选择精度和生产率较低的毛坯制造方法。

（4）现有生产条件　确定毛坯的种类及制造方法，必须考虑具体的生产条件，如毛坯制造的工艺水平，设备状况以及对外协作的可能性等。

（5）充分考虑利用新工艺，新技术和新材料　随着机械制造技术的发展，毛坯制造方面的新工艺，新技术和新材料的应用也发展很快。如精铸、精锻、冷挤压、粉末冶金和工程塑料等在机械中的应用日益增加。采用这些方法大大减少了机械加工量，有时甚至可以不再进行机械加工就能达到加工要求，其经济效益非常显著。我们在选择毛坯时应给予充分考虑，在可能的条件下，尽量采用。

（四）毛坯形状和尺寸的确定

毛坯的形状和尺寸基本上取决于零件的形状和尺寸。零件和毛坯的主要差别，在于在零件需要加工的表面上，加上一定的机械加工余量，即毛坯加工余量。毛坯制造时，同样会产生误差，毛坯制造的尺寸公差称为毛坯公差。毛坯加工余量和公差的大小，直接影响机械加工的劳动量和原材料的消耗，从而影响产品的制造成本。所以现代机械制造的发展趋势之一，便是通过毛坯精化，使毛坯的形状和尺寸尽量和零件一致，力求做到少、无切削加工。毛坯加工余量和公差的大小，与毛坯的制造方法有关，生产中可参考有关工艺手册或有关企业、行业标准来确定。

在确定了毛坯加工余量以后，毛坯的形状和尺寸，除了将毛坯加工余量附加在零件相应的加工表面上外，还要考虑毛坯制造，机械加工和热处理等多方面工艺因素的影响。下面仅从机械加工工艺的角度，分析确定毛坯的形状和尺寸时应考虑的问题。

1. 工艺搭子的设置

有些零件，由于结构的原因，加工时不易装夹稳定，为了装夹方便迅速，可在毛坯上制出凸台，即所谓的工艺搭子。工艺搭子只在装夹工件时用，零件加工完成后，一般都要切掉，但如果不影响零件的使用性能和外观质量时，可以保留。

2. 整体毛坯的采用

在机械加工中，有时会遇到如磨床主轴部件中的三瓦轴承，发动机的连杆和车床的开合螺母等类零件。为了保证这类零件的加工质量和加工时方便，常做成整体毛坯，加工到一定阶段后再切开。

3. 合件毛坯的采用

为了便于加工过程中的装夹，对于一些形状比较规则的小型零件，如 T 形键，扁螺母，小隔套等，应将多件合成一个毛坯，待加工到一定阶段后或者大多数表面加工完毕后，再加工成单件。在确定了毛坯种类，形状和尺寸后，还应绘制一张毛坯图，作为毛坯生产单位的产品图样。绘制毛坯图，是在零件图的基础上，在相应的加工表面上加上毛坯余量。但绘制时还要考虑毛坯的具体制造条件，如铸件上的孔，锻件上的孔和空档，法兰等的最小铸出和锻出条件；铸件和锻件表面的起模斜度（拔模斜度）和圆角；分型面和分模面的位置等。用双点划线在毛坯图中表示出零件的表面，以区别加工表面和非加工表面。

（五）工艺路线的拟订

工艺路线的拟订是制订工艺规程的关键，它制订得是否合理，直接影响工艺规程的合理性、科学性和经济性。工艺路线拟订的主要任务是选择各个表面的加工方法和加工方案，确定各个表面的加工顺序以及工序集中与分散的程度，合理选用机床和刀具，确定所用夹具的大致结构等。关于工艺路线的拟订，经过长期的生产实践已总结出一些带有普遍性的工艺设计原则，但在具体拟订时，特别要注意根据生产实际灵活应用。

1. 表面加工方案的选择

（1）各种加工方法所能达到的经济精度及表面粗糙度　为了正确选择表面加工方法，首先应了解各种加工方法的特点和掌握加工经济精度的概念。任何一种加工方法可以获得的加工精度和表面粗糙度均有一个较大的范围。例如，精细的操作，选择低的切削用量，可以获得较高的精度，但又会降低生产率，提高成本；反之，如增大切削用量提高生产率，虽然成本降低了，但精度也降低了。所以对一种加工方法，只有在一定的精度范围内才是经济的，这一定范围的精度是指在正常的加工条件下（采用符合质量的标准设备，工艺装备和标准技术等级的工人，不延长加工时间）所能保证的加工精度。这一定范围的精度称为经济精度。相应的粗糙度称为经济表面粗糙度。

各种加工方法所能达到的加工经济精度和表面粗糙度，以及各种典型表面的加工方案在机械加工手册中都能查到。这里要指出的是，加工经济精度的数值并不是一成不变的，随着科学技术的发展，工艺技术的改进，加工经济精度会逐步提高。

（2）选择表面加工方案时考虑的因素　选择表面加工方案，一般是根据经验或查表来确定，再结合实际情况或工艺试验进行修改。表面加工方案的选择，应同时满足加工质量、生产率和经济性等方面的要求，具体选择时应考虑以下几方面因素：

①选择能获得相应经济精度的加工方法　例如加工精度为 IT7，表面粗糙度为 $R_a = 0.4\ \mu m$ 的外圆柱面，通过精细车削是可以达到要求的，但不如磨削经济。

②零件材料的可加工性能　例如淬火钢的精加工要用磨削，有色金属圆柱面的精加工为避免磨削时堵塞砂轮，则要用高速精细车或精细镗（金刚镗）。

③工件的结构形状和尺寸大小　例如对于加工精度要求为 IT7 的孔，采用镗削，铰削，拉削和磨削均可达到要求。但箱体上的孔，一般不宜选用拉孔或磨孔，而宜选择镗孔（大孔）或铰孔（小孔）。

④生产类型　大批量生产时，应采用高效率的先进工艺。例如用拉削方法加工孔和平面，用组合铣削或磨削同时加工几个表面，对于复杂的表面采用数控机床及加工中心等；单件小批生产时，宜采用刨削，铣削平面和钻、扩、铰孔等加工方法，避免盲目地采用高效加工方法和专用设备而造成经济损失。

⑤现有生产条件　充分利用现有设备和工艺手段，发挥工人的创造性，挖掘企业潜力，创造经济效益。

2. 加工阶段的划分

（1）划分方法　零件的加工质量要求较高时，都应划分加工阶段。一般划分为粗加工、半精加工和精加工三个阶段。如果零件要求的精度特别高，表面粗糙度很细时，还应增加光整加工和超精密加工阶段。各加工阶段的主要任务是：

①粗加工阶段　主要任务是切除毛坯上各加工表面的大部分加工余量，使毛坯在形状和尺寸上接近零件成品。因此，应采取措施尽可能提高生产率。同时要为半精加工阶段提供精基准，并留有充分均匀的加工余量，为后续工序创造有利条件。

②半精加工阶段　达到一定的精度要求，并保证留有一定的加工余量，为主要表面的精加工做准备。同时完成一些次要表面的加工（如紧固孔的钻削，攻螺纹，铣键槽等）。

③精加工阶段　主要任务是保证零件各主要表面达到图纸规定的技术要求。

④光整加工阶段　对精度要求很高（IT6 以上），表面粗糙度很小（小于 $R_a = 0.2\,\mu m$）的零件，需安排光整加工阶段。其主要任务是减小表面粗糙度或进一步提高尺寸精度和形状精度。

（2）划分加工阶段的原因

①保证加工质量的需要　零件在粗加工时，由于要切除掉大量金属，因而会产生较大的切削力和切削热，同时也需要较大的夹紧力，在这些力和热的作用下，零件会产生较大的变形。经过粗加工后零件的内应力要重新分布，会使零件发生变形。如果不划分加工阶段而连续加工，就无法避免和修正上述原因所引起的加工误差。加工阶段划分后，粗加工造成的误差，通过半精加工和精加工可以得到修正，并逐步提高零件的加工精度和表面质量，保证零件的加工要求。

②合理使用机床设备的需要　粗加工一般要求功率大，刚性好，生产率高而精度不高的机床设备。而精加工需采用精度高的机床设备，划分加工阶段后就可以充分发挥粗、精加工设备各自性能的特点，避免以粗干精，做到合理使用设备。这样不但可以提高粗加工的生产效率，而且也有利于保持精加工设备的精度和使用寿命。

③及时发现毛坯缺陷　毛坯上的各种缺陷（如气孔，砂眼，夹渣或加工余量不足等），在粗加工后即可被发现，便于及时修补或决定报废，以免继续加工后造成工时和加工费用的浪费。

④便于安排热处理　热处理工序使加工过程划分成几个阶段，如精密主轴在粗加工后进行去除应力的人工时效处理，半精加工后进行淬火，精加工后进行低温回火和冰冷处理，最后再进行光整加工。这几次热处理就把整个加工过程划分为粗加工—半精加工—精加工—光整加工阶段。

在零件工艺路线拟订时，一般应遵守划分加工阶段这一原则，但具体应用时还要根据零件的情况灵活处理，例如对于精度和表面质量要求较低而工件刚性足够，毛坯精度较高，加工余量小的工件，可不划分加工阶段。对一些刚性好的重型零件，由于装夹吊运很费时，也往往不划分加工阶段而在一次安装中完成粗精加工。

还需指出的是，将工艺过程划分成几个加工阶段是对整个加工过程而言的，不能单纯从某一表面的加工或某一工序的性质来判断。例如工件的定位基准，在半精加工阶段甚至在粗加工阶段就需要加工得很准确，而在精加工阶段中安排某些钻孔之类的粗加工工序也是常有的。

3. 工序的划分

工序集中就是零件的加工集中在少数工序内完成，而每一道工序的加工内容却比较多；工序分散则相反，整个工艺过程中工序数量多，而每一道工序的加工内容则比较少。

（1）工序集中的特点

①有利于采用高生产率的专用设备和工艺装备，如采用多刀多刃，多轴机床，数控机床和加工中心等，从而大大提高生产率。

②减少了工序数目，缩短了工艺路线，从而简化了生产计划和生产组织工作。

③减少了设备数量，相应地减少了操作工人和生产面积。

④减少了工件安装次数，不仅缩短了辅助时间，而且在一次安装下能加工较多的表面，也易于保证这些表面的相对位置精度。

⑤专用设备和工艺装置复杂，生产准备工作和投资都比较大，尤其是转换新产品比较困难。

（2）工序分散特点

①设备和工艺装备结构都比较简单，调整方便，对工人的技术水平要求低。

②可采用最有利的切削用量，减少机动时间。

③容易适应生产产品的变换。

④设备数量多，操作工人多，占用生产面积大。

工序集中和工序分散各有特点。在拟订工艺路线时，工序是集中还是分散，即工序数量是多还是少，主要取决于生产规模和零件的结构特点及技术要求。在一般情况下，单件小批生产时，多将工序集中。大批量生产时，既可采用多刀、多轴等高效率机床将工序集中，也可将工序分散后组织流水线生产。目前的发展趋势是倾向于工序集中。

4. 工序顺序的安排

（1）机械加工工序的安排

①基准先行　零件加工一般多从精基准的加工开始，再以精基准定位加工其他表面。因此，选作精基准的表面应安排在工艺过程起始工序先进行加工，以便为后续工序提供精基准。例如轴类零件先加工两端中心孔，然后再以中心孔作为精基准，粗，精加工所有外圆表面。齿轮加工则先加工内孔及基准端面，再以内孔及端面作为精基准，粗，精加工齿形表面。

②先粗后精　精基准加工好以后，整个零件的加工工序，应是粗加工工序在前，相继为半精加工，精加工及光整加工。按先粗后精的原则先加工精度要求较高的主要表面，即先粗加工再半精加工各主要表面，最后再进行精加工和光整加工。在对重要表面精加工之前，有时需对精基准进行修整，以利于保证重要表面的加工精度，如主轴的高精度磨削时，精磨和超精磨削前都须研磨中心孔；精密齿轮磨齿前，也要对内孔进行磨削加工。

③先主后次　根据零件的功用和技术要求，先将零件的主要表面和次要表面分开，然后先安排主要表面的加工，再把次要表面的加工工序插入其中。次要表面一般指键槽，螺孔，销孔等表面。这些表面一般都与主要表面有一定的相对位置要求，应以主要表面作为基准进行次要表面加工，所以次要表面的加工一般放在主要表面的半精加工以后，精加工以前一次加工结束。也有放在最后加工的，但此时应注意不要碰伤已加工好的主要表面。

④先面后孔　对于箱体、底座、支架等类零件，平面的轮廓尺寸较大，用它作为精基准加工孔，比较稳定可靠，也容易加工，有利于保证孔的精度。如果先加工孔，再以孔为基准加工平面，则比较困难，加工质量也受影响。

（2）热处理工序的安排　热处理可用来提高材料的力学性能，改善工件材料的加工性能和消除内应力，其安排主要是根据工件的材料和热处理目的来进行。热处理工艺可分为两大类：预备热处理和最终热处理。

①预备热处理　预备热处理的目的是改善加工性能，消除内应力和为最终热处理准备良好的金相组织。其热处理工艺有退火、正火、时效、调质等。

a. 退火和正火　退火和正火用于经过热加工的毛坯。含碳量高于 0.5% 的碳钢和合金钢，为降低其硬度易于切削，常采用退火处理；含碳量低于 0.5% 的碳钢和合金钢，为避免其硬度过低切削时黏刀，而采用正火处理。退火和正火尚能细化晶粒，均匀组织，为以后的热处理做准备。退火和正火常安排在毛坯制造之后，粗加工之前进行。

b. 时效处理　时效处理主要用于消除毛坯制造和机械加工中产生的内应力。为减少运输工作量，对于一般精度的零件，在精加工前安排一次时效处理即可。但精度要求较高的零件（如坐标镗床的箱体等），应安排两次或数次时效处理工序。简单零件一般可不进行时效处理。除铸件外，对于一些刚性较差的精密零件（如精密丝杠），为消除加工中产生的内应力，稳定零件加工精度，常在粗加工、半精加工之间安排多次时效处理。有些轴类零件加工，在校直工序后也要安排时效处理。

c. 调质　调质即是在淬火后进行高温回火处理，它能获得均匀细致的回火索氏体组织，为以后的表面淬火和渗氮处理时减少变形做准备，因此调质也可作为预备热处理。由于调质后零件的综合力学性能较好，对某些硬度和耐磨性要求不高的零件，也可作为最终热处理工序。

②最终热处理　最终热处理的目的是提高硬度、耐磨性和强度等力学性能。

a. 淬火　淬火有表面淬火和整体淬火。其中表面淬火因为变形，氧化及脱碳较小而应用较广，而且表面淬火还具有外部强度高，耐磨性好，而内部保持良好的韧性，抗冲击力强的优点。为提高表面淬火零件的机械性能，常需进行调质或正火等热处理作为预备热处理。其一般工艺路线为：下料—锻造—正火（退火）—粗加工—调质—半精加工—表面淬火—精加工。

b. 渗碳淬火　渗碳淬火适用于低碳钢和低合金钢，先提高零件表层的含碳量，经淬火后使表层获得高的硬度，而心部仍保持一定的强度和较高的韧性和塑性。渗碳分整体渗碳和局部渗碳。局部渗碳时对不渗碳部分要采取防渗措施（镀铜或镀防渗材料）。由于渗碳淬火变形大，且渗碳深度一般在 0.5～2 mm 之间，所以渗碳工序一般安排在半精加工和精加工之间。其工艺路线一般为：下料—锻造—正火—粗、半精加工—渗碳淬火—精加工。

当局部渗碳零件的不渗碳部分，采用加大余量后切除多余的渗碳层的工艺方案时，切除多余渗碳层的工序应安排在渗碳后，淬火前进行。

c. 渗氮处理　渗氮是使氮原子渗入金属表面获得一层含氮化合物的处理方法。渗氮层可以提高零件表面的硬度，耐磨性，疲劳强度和抗蚀性。由于渗氮处理温度较低，变形小，且渗氮层较薄（一般不超过 0.6～0.7 mm），因此渗氮工序应尽量靠后安排，常安排在精加工之间进行。为减小渗氮时的变形，在切削后一般需进行消除应力的高温回火。

（3）检验工序的安排　检验工序一般安排在粗加工后，精加工前，送往外车间前后，重要工序和工时长的工序前后，零件加工结束后，入库前。

（4）其他工序的安排

①表面强化工序　如滚压、喷丸处理等，一般安排在工艺过程的最后。

②表面处理工序　如发蓝、电镀等一般安排在工艺过程的最后。

③探伤工序　如 X 射线检查，超声波探伤等多用于零件内部质量的检查，一般安排在工艺过程的开始。磁力探伤，荧光检验等主要用于零件表面质量的检验，通常安排在该表面加工结束以后。

④平衡工序　包括动、静平衡，一般安排在精加工以后。

在安排零件的工艺过程中，不要忽视去毛刺、倒棱和清洗等辅助工序。在铣键槽，齿面倒角等工序后应安排去毛刺工序。零件在装配前都应安排清洗工序，特别在研磨等光整加工工序之后，更应注意进行清洗工序，以防止残余的磨料嵌入工件表面，加剧零件在使用中的磨损。

（六） 加工余量的确定

1. 加工余量的概念及其影响因素

在选择了毛坯，拟订出加工工艺路线之后，就需确定加工余量，计算各工序的工序尺寸。加工余量大小与加工成本有密切关系，加工余量过大不仅浪费材料，而且增加切削工时，增大刀具和机床的磨损，从而增加成本；加工余量过小，会使前一道工序的缺陷得不到纠正，造成废品，从而也使成本增加。因此，合理地确定加工余量，对提高加工质量和降低成本都有十分重要的意义。

（1）加工余量的概念　在机械加工过程中从加工表面切除的金属层厚度称为加工余量。加工余量分为工序余量和加工总余量。

工序余量是指为完成某一道工序所必须切除的金属层厚度，即相邻两工序的工序尺寸之差。

加工总余量是指由毛坯变为成品的过程中，在某加工表面上所切除的金属层总厚度，即毛坯尺寸与零件图设计尺寸之差。

由于毛坯尺寸和各工序尺寸不可避免地存在公差，因此无论是加工总余量还是工序余量实际上是个变动值，因而加工余量又有基本余量，最大余量和最小余量之分，通常所说的加工余量是指基本余量。加工余量，工序余量的公差标注应遵循"入体原则"，即毛坯尺寸按双向标注上、下偏差；被包容表面尺寸上偏差为零，也就是基本尺寸为最大极限尺寸（如轴）；对包容面尺寸下偏差为零，也就是基本尺寸为最小极限尺寸（如内孔）。

加工过程中，工序完成后的工件尺寸称为工序尺寸。由于存在加工误差，各工序加工后的尺寸也有一定的公差，称为工序公差。工序公差带的布置也采用"入体原则"法。

表示加工余量及其公差的关系，不论是被包容面还是包容面，其加工总余量均等于各工序余量之和。

加工余量还有双边余量和单边余量之分，平面加工余量是单边余量，它等于实际切削的金属层厚度。对于外圆和孔等回转表面，加工余量是指双边余量，即以直径方向计算，实际切削的金属为加工余量数值的一半。

（2）确定加工余量应考虑的因素　为切除前工序在加工时留下的各种缺陷和误差的金属层，又考虑到本工序可能产生的安装误差而不致使工件报废，必须保证一定数值的最小工序余量。为了合理确定加工余量，首先必须了解影响加工余量的因素。影响加工余量的主要因素有：

①前工序的尺寸公差　由于工序尺寸有公差，上工序的实际工序尺寸有可能出现最大或最小极限尺寸。为了使上工序的实际工序尺寸在极限尺寸的情况下，本工序也能将上工序留下的表面粗糙度和缺陷层切除，本工序的加工余量应包括上工序的公差。

②前工序的形状和位置公差　当工件上有些形状和位置偏差不包括在尺寸公差的范围内时，这些误差又必须在本工序加工纠正，在本工序的加工余量中必须包括它。

③前工序的表面粗糙度和表面缺陷　为了保证加工质量，本工序必须将上工序留下的表面粗糙度和缺陷层切除。

④本工序的安装误差　安装误差包括工件的定位误差和夹紧误差，若用夹具装夹，还应有夹具在机床上的装夹误差。这些误差会使工件在加工时的位置发生偏移，所以加工余量还必须考虑安装误差的影响。

2. 确定加工余量的方法

确定加工余量的方法有3种：分析计算法，经验估算法和查表修正法。

（1）分析计算法　本方法是根据有关加工余量计算公式和一定的试验资料，对影响加工余量的各项因素进行分析和综合计算来确定加工余量。用这种方法确定加工余量比较经济合理，但必须有比较全面和可靠的试验资料。目前，只在材料十分贵重，以及军工生产或少数大量生产的工厂中采用。

（2）经验估算法　本方法是根据工厂的生产技术水平，依靠实际经验确定加工余量。为防止因余量过小而产生废品，经验估计的数值总是偏大，这种方法常用于单件小批量生产。

（3）查表修正法　此法是根据各工厂长期的生产实践与试验研究所积累的有关加工余量数据，制成各种表格并汇编成手册。确定加工余量时，查阅有关手册，再结合本厂的实际情况进行适当修正后确定。目前此法应用较为普遍。

（七）工序尺寸及其公差的确定

机械加工过程中，工件的尺寸在不断地变化，由毛坯尺寸到工序尺寸，最后达到设计要求的尺寸。在这个变化过程中，加工表面本身的尺寸及各表面之间的尺寸都在不断地变化，这种变化无论是在一个工序内部，还是在各个工序之间都有一定的内在联系。应用尺寸链理论去揭示它们之间的内在关系，掌握它们的变化规律是合理确定工序尺寸及其公差和计算各种工艺尺寸的基础。因此，本节先介绍工艺尺寸链的基本概念，然后分析工艺尺寸链的计算方法以及工艺尺寸链的应用。

1. 工艺尺寸链的概念

（1）工艺尺寸链的定义　在零件的加工过程中，为了加工和检验的方便，有时需要进行一些工艺尺寸的计算。为使这种计算迅速准确，按照尺寸链的基本原理，将这些有关尺寸以一定顺序首尾相连排列成一封闭的尺寸系统，即构成了零件的工艺尺寸链，简称工艺尺寸链。

（2）工艺尺寸链的组成

①环　组成工艺尺寸链的各个尺寸都称为工艺尺寸链的环。

②封闭环　工艺尺寸链中间得到的环称为封闭环。封闭环以下角标"0"表示，如

"A_0" "L_0"。

③组成环　除封闭环以外的其他环都称为组成环。组成环分增环和减环两种。

④增环　当其余各组成环保持不变，某一组成环增大，封闭环也随之增大，该环即为增环。一般在该环尺寸的代表符号上，加一向右的箭头表示。

⑤减环　当其余各组成环保持不变，某一组成环增大，封闭环反而减小，该环即为减环。一般在该尺寸的代表符号上，加一向左的箭头表示。

（3）工艺尺寸链的特征

①关联性　组成工艺尺寸链的各尺寸之间必然存在着一定的关系，相互无关的尺寸不组成工艺尺寸链。工艺尺寸链中每一个组成环不是增环就是减环，其尺寸发生变化都要引起封闭环的尺寸变化。对工艺尺寸链中的封闭环尺寸没有影响的尺寸，就不是该工艺尺寸链的组成环。

②封闭性　尺寸链必须是一组首尾相接并构成一个封闭图形的尺寸组合，其中应包含一个间接得到的尺寸。不构成封闭图形的尺寸组合就不是尺寸链。

（4）建立工艺尺寸链的步骤

①确定封闭环　即加工后间接得到的尺寸。

②查找组成环　从封闭环一端开始，按照尺寸之间的联系，首尾相连，依次画出对封闭环有影响的尺寸，直到封闭环的另一端，形成一个封闭图形，就构成一个工艺尺寸链。查找组成环必须掌握的基本特点为：组成环是加工过程中"直接获得"的，而且对封闭环有影响。

③按照各组成环对封闭环的影响，确定其为增环或减环　确定增环或减环可先给封闭环任意规定一个方向，然后沿此方向，绕工艺尺寸链依次给各组成环画出箭头，凡是与封闭环箭头方向相同的就是减环，相反的就是增环。

2. 工艺尺寸链的计算

尺寸链的计算方法有两种：极值法与概率法。极值法是从最坏情况出发来考虑问题的，即当所有增环都为最大极限尺寸而减环恰好都为最小极限尺寸，或所有增环都为最小极限尺寸而减环恰好都为最大极限尺寸，来计算封闭环的极限尺寸和公差。事实上，一批零件的实际尺寸是在公差带范围内变化的。在尺寸链中，所有增环不一定同时出现最大或最小极限尺寸，即使出现，此时所有减环也不一定同时出现最小或最大极限尺寸。概率法解尺寸链，主要用于装配尺寸链，其计算方法在装配中讲授。

3. 工序尺寸及其公差的确定

（1）基准重合时工序尺寸及公差的确定　当零件定位基准与设计基准（工序基准）重合时，零件工序尺寸及其公差的确定方法是：先根据零件的具体要求确定其加工工艺路线，再通过查表确定各道工序的加工余量及其公差，然后计算出各工序尺寸及公差；计算顺序是：先确定各工序余量的基本尺寸，再由后往前逐个工序推算，即由工件上的设计尺寸开始，由最后一道工序向前工序推算直到毛坯尺寸。

（2）测量基准与设计基准不重合时工序尺寸及其公差的计算　在加工中，有时会遇到某些加工表面的设计尺寸不便测量，甚至无法测量的情况，为此需要在工件上另选一个容易测量的测量基准，通过对该测量尺寸的控制来间接保证原设计尺寸的精度。这就产生了测量基准与设计基准不重合时，测量尺寸及公差的计算问题。

（3）定位基准与设计基准不重合时工序尺寸计算　在零件加工过程中有时为方便定位或加工，选用不是设计基准的几何要素做定位基准，在这种定位基准与设计基准不重合的情况下，需要通过尺寸换算，改注有关工序尺寸及公差，并按换算后的工序尺寸及公差加工。以保证零件的原设计要求。

（4）中间工序的工序尺寸及其公差的求解计算　在工件加工过程中，有时一个基面的加工会同时影响两个设计尺寸的数值。这时，需要直接保证其中公差要求较严的一个设计尺寸，而另一设计尺寸需由该工序前面的某一中间工序的合理工序尺寸间接保证。为此，需要对中间工序尺寸进行计算。

（5）保证应有渗碳或渗氮层深度时工艺尺寸及其公差的计算　零件渗碳或渗氮后，表面一般要经磨削保证尺寸精度，同时要求磨后保留有规定的渗层深度。这就要求进行渗碳或渗氮热处理时按一定渗层深度及公差进行（用控制热处理时间保证），并对这一合理渗层深度及公差进行计算。

（八）机械加工的生产率及技术经济分析

1. 机械加工时间定额的组成

（1）时间定额的概念　所谓时间定额是指在一定生产条件下，规定生产一件产品或完成一道工序所需消耗的时间。它是安排作业计划，核算生产成本，确定设备数量，人员编制以及规划生产面积的重要依据。

（2）时间定额的组成

①基本时间 T_1　基本时间是指直接改变生产对象的尺寸，形状，相对位置以及表面状态或材料性质等工艺过程所消耗的时间。对于切削加工来说，基本时间就是切除金属所消耗的时间（包括刀具的切入和切出时间在内）。

②辅助时间 T_2　辅助时间是为实现工艺过程所必须进行的各种辅助动作所消耗的时间。它包括：装卸工件，开停机床，引进或退出刀具，改变切削用量，试切和测量工件等所消耗的时间。

基本时间和辅助时间的总和称为作业时间。它是直接用于制造产品或零部件所消耗的时间。

辅助时间的确定方法随生产类型而异。大批量生产时，为使辅助时间规定得合理，需将辅助动作分解，再分别确定各分解动作的时间，最后予以综合；中批生产则可根据以往统计资料来确定；单件小批量生产常用基本时间的百分比进行估算。

③布置工作地时间 T_3　布置工作地时间是为了使加工正常进行，工人照管工作地（如更换刀具，润滑机床，清理切屑，收拾工具等）所消耗的时间。它不是直接消耗在每个工件上的。而是消耗在一个工作班内的时间，再折算到每个工件上的。一般按作业时间的 2%～7% 估算。

④休息与生理需要时间 T_4　休息与生理需要时间是工人在工作班内恢复体力和满足生理上的需要所消耗的时间。T_4 是按一个工作班为计算单位，再折算到每个工件上的。对机床操作工人一般按作业时间的 2% 估算。

以上四部分时间的总和称为单件时间 T_0，即

$$T_0 = T_1 + T_2 + T_3 + T_4$$

⑤准备与终结时间 T_5　准备与终结时间是指工人为了生产一批产品或零部件，进行准备和结束工作所消耗的时间。在单件或成批生产中，每当开始加工一批工件时，工人需要熟悉工艺文件，领取毛坯、材料、工艺装备，安装刀具和夹具，调整机床和其他工艺装备等所消耗的时间以及加工一批工件结束后，需拆下和归还工艺装备，送交成品等所消耗的时间。T 既不是直接消耗在每个工件上的，也不是消耗在一个工作班内的时间，而是消耗在一批工件上的时间。因而分摊到每个工件的时间为 T_5/N，其中 N 为批量。故单件和成批生产的单件工时定额的计算公式 T 应为：

$$T = T_0 + T_5/N$$

大批大量生产时，由于 N 的数值很大，$T_5/N \approx 0$，故不考虑准备终结时间，即：$T = T_0$

2. 提高机械加工生产率的途径

劳动生产率是指工人在单位时间内制造的合格产品的数量或制造单件产品所消耗的劳动时间。劳动生产率是一项综合性的技术经济指标。提高劳动生产率，必须正确处理好质量，生产率和经济性三者之间的关系。应在保证质量的前提下，提高生产率，降低成本。劳动生产率提高的措施很多，涉及产品设计，制造工艺和组织管理等多方面，这里仅就通过缩短单件时间来提高机械加工生产率的工艺途径作一简要分析。

提高劳动生产率的工艺措施有以下几个方面：

（1）缩短基本时间　在大批大量生产时，由于基本时间在单位时间中所占比重较大，因此通过缩短基本时间即可提高生产率。缩短基本时间的主要途径有以下几种：

①提高切削用量　增大切削速度，进给量和背吃刀量，都可缩短基本时间，但切削用量的提高受到刀具耐用度和机床功率，工艺系统刚度等方面的制约。随着新型刀具材料的出现，切削速度得到了迅速的提高，目前硬质合金车刀的切削速度可达 200 m/min，陶瓷刀具的切削速度达 500 m/min。近年来出现的聚晶人造金刚石和聚晶立方氮化硼刀具切削普通钢材的切削速度达 900 m/min。

在磨削方面，近年来发展的趋势是高速磨削和强力磨削。国内生产的高速磨床和砂轮磨削速度已达 60 m/s；强力磨削的切入深度已达 6～12 mm，从而使生产率大大提高。

②采用多刀同时切削　每把车刀实际加工长度只有原来的 1/3；每把刀的切削余量只有原来的 1/3；用三把刀具对同一工件上不同表面同时进行横向切入法车削。显然，采用多刀同时切削比单刀切削的加工时间大大缩短。

③多件加工　这种方法是通过减少刀具的切入、切出时间或者使时间基本重合，从而缩短每个零件加工的基本时间来提高生产率。多件加工的方式有以下 3 种：

a. 顺序多件加工　即工件顺着走刀方向一个接着一个地安装，这种方法减少了刀具切入和切出的时间，也减少了分摊到每一个工件上的辅助时间。

b. 平行多件加工　即在一次走刀中同时加工 N 个平行排列的工件。加工所需基本时间和加工一个工件相同，所以分摊到每个工件的基本时间就减少到原来的 $1/n$，其中 N 是同时加工的工件数。这种方式常见于铣削和平面磨削。

c. 平行顺序多件加工　这种方法为顺序多件加工和平行多件加工的综合应用，这种方法适用于工件较小，批量较大的情况。

④减少加工余量　采用精密铸造、压力铸造、精密锻造等先进工艺提高毛坯制造精度，减少机械加工余量，以缩短基本时间，有时甚至无须再进行机械加工，这样可以大幅度提高生产效率。

（2）缩短辅助时间　辅助时间在单件时间中也占有较大比重，尤其是在大幅度提高切削用量之后，基本时间显著减少，辅助时间所占比重就更高。此时采取措施缩减辅助时间就成为提高生产率的重要方向。缩短辅助时间有两种不同的途径：①使辅助动作实现机械化和自动化，从而直接缩减辅助时间；②使辅助时间与基本时间重合，间接缩短辅助时间。

①直接缩减辅助时间　采用专用夹具装夹工件，工件在装夹中不需找正，可缩短装卸工件的时间。大批大量生产时，广泛采用高效气动，液动夹具来缩短装卸工件的时间。单件小批生产中，由于受专用夹具制造成本的限制，为缩短装卸工件的时间，可采用组合夹具及可调夹具。

此外，为减小加工中停机测量的辅助时间，可采用主动检测装置或数字显示装置在加工过程中进行实时测量，以减少加工中需要的测量时间。主动检测装置能在加工过程中测量加工表面的实际尺寸，并根据测量结果自动对机床进行调整和工作循环控制，例如磨削自动测量装置。数显装置能把加工过程或机床调整过程中机床运动的移动量或角位移连续精确地显示出来，这些都大大节省了停机测量的辅助时间。

②间接缩短辅助时间　为了使辅助时间和基本时间全部或部分地重合，可采用多工位夹具和连续加工的方法。

（3）缩短布置工作地时间　布置工作地时间，大部分消耗在更换刀具上，因此必须减少换刀次数并缩减每次换刀所需的时间，提高刀具的耐用度可减少换刀次数。而换刀时间的减少，则主要通过改进刀具的安装方法和采用装刀夹具来实现。如采用各种快换刀夹，刀具微调机构，专用对刀样板或对刀样件以及自动换刀装置等，以减少刀具的装卸和对刀所需时间。例如在车床和铣床上采用可转位硬质合金刀片刀具，既减少了换刀次数，又可减少刀具装卸、对刀和刃磨的时间。

（4）缩短准备与终结时间　缩短准备与终结时间的途径有 2 个：①扩大产品生产批量，以相对减少分摊到每个零件上的准备与终结时间；②直接减少准备与终结时间。扩大产品生产批量，可以通过零件标准化和通用化实现，并可采用成组技术组织生产。

3. 机械加工技术经济分析的方法

制订机械加工工艺规程时，在同样能满足工件的各项技术要求下，一般可以拟订出几种不同的加工方案，而这些方案的生产效率和生产成本会有所不同。为了选取最佳方案就需进行技术经济分析。所谓技术经济分析就是通过比较不同工艺方案的生产成本，选出最经济的加工工艺方案。

生产成本是指制造一个零件或一台产品所必需的一切费用的总和。生产成本包括两大类费用：①与工艺过程直接有关的费用叫工艺成本，约占生产成本的70％～75％；②与工艺过程无关的费用，如行政人员工资，厂房折旧，照明取暖等。由于在同一生产条件下与工艺过程无关的费用基本上是相等的，因此对零件工艺方案进行经济分析时，只要分析与工艺过程直接有关的工艺成本即可。

（1）工艺成本的组成　工艺成本由可变费用和不变费用两大部分组成。

①可变费用　可变费用是与年产量有关并与之成正比的费用，用"V"表示（元／件）。包括：材料费，操作工人的工资，机床电费，通用机床折旧费，通用机床修理费，刀具费，通用夹具费。

②不变费用　不变费用是与年产量的变化没有直接关系的费用。当产量在一定范围内变化时，全年的费用基本上保持不变，用"S"表示（元／年）。包括：机床管理人员，车间辅助工人，调整工人的工资，专用机床折旧费，专用机床修理费，专用夹具费。

（2）工艺成本的计算

①零件的全年工艺成本

$$E = VN + S$$

式中　E —零件（或零件的某工序）全年的工艺成本（元／年）；

　　　V—可变费用（元／件）；

　　　N—年产量（件／年）；

　　　S—不变费用（元／年）。

由上述公式可见，全年工艺成本 E 和年产量 N 呈线性关系。它说明全年工艺成本

的变化 ΔE 与年产量的变化 ΔN 成正比；又说明 S 为投资定值，不论生产多少，其值不变。

②零件的单件工艺成本　年产量 N 很小，设备负荷也低，即单件小批量生产，单件工艺成本 E 就很高，此时若产量 N 稍有增加（ΔN）将使单件成本迅速降低（ΔE）。N 很大，即大批大量生产，年产量虽有较大变化，而对单件工艺成本的影响却很小。这说明对于某一个工艺方案，当 S 值（主要是专用设备费用）一定时，就应有一个与此设备能力相适应的产量范围。产量小于这个范围时，由于 S/N 比值增大，工艺成本就增加。这时采用这种工艺方案显然是不经济的，应减少使用专用设备数，即减少 S 值来降低工艺成本。当产量超过这个范围时，由于 S/N 比值变小，这时就需要投资更大而生产率更高的设备，以便减少 V 而获得更好的经济效益。

二、轴类零件加工经验

（一）轴类零件加工的工艺路线

外圆加工的方法很多，基本加工路线可归纳为四条。

（1）粗车—半精车—精车

对于一般常用材料，这是外圆表面加工采用的最主要的工艺路线。

（2）粗车—半精车—粗磨—精磨

对于黑色金属材料，精度要求高和表面粗糙度值要求较小，零件需要淬硬时，其后续工序只能用磨削采用的加工路线。

（3）粗车—半精车—精车—金刚石车

对于有色金属，用磨削加工通常不易得到所要求的表面粗糙度，因为有色金属一般比较软，容易堵塞沙粒间的空隙，因此其最终工序多用精车和金刚石车。

（4）粗车—半精—粗磨—精磨—光整加工

对于黑色金属材料的淬硬零件，精度要求高和表面粗糙度值要求很小，常用此加工路线。

（二）典型加工工艺路线

轴类零件的主要加工表面是外圆表面，也还有常见的特形表面，因此针对各种精度等级和表面粗糙度要求，按经济精度选择加工方法。

对普通精度的轴类零件加工，其典型的工艺路线如下：毛坯及其热处理—预加工—车削外圆—铣键槽—花键槽（沟槽）—热处理—磨削—终检。

1. 轴类零件的预加工

轴类零件的预加工是指加工的准备工序，即车削外圆之前的工艺。

毛坯在制造、运输和保管过程中，常会发生弯曲变形，为保证加工余量的均匀及装夹可靠，一般冷态下在各种压力机或校直机上进行校直。

2. 轴类零件加工的定位基准和装夹

（1）以工件的中心孔定位　在轴的加工中，零件各外圆表面、锥孔、螺纹表面的同轴度，端面对旋转轴线的垂直度是其相互位置精度的主要项目，这些表面的设计基准一般都是轴的中心线，若用两中心孔定位，符合基准重合的原则。中心孔不仅是车削时的定位基准，也是其他加工工序的定位基准和检验基准，符合基准统一原则。当采用两个中心孔定位时，还能够最大限度地在一次装夹中加工出多个外圆和端面。

（2）以外圆和中心孔作为定位基准（一夹一顶）　用两中心孔定位虽然定心精度高，但刚性差，尤其是加工较重的工件时不够稳固，切削用量也不能太大。粗加工时，为了提高零件的刚度，可采用轴的外圆表面和一中心孔作为定位基准来加工。这种定位方法能承受较大的切削力矩，是轴类零件最常见的一种定位方法。

（3）以两外圆表面作为定位基准　在加工空心轴的内孔时，（例如：机床上莫氏锥度的内孔加工），不能采用中心孔作为定位基准，可用轴的两外圆表面作为定位基准。当工件是机床主轴时，常以两支撑轴颈（装配基准）为定位基准，可保证锥孔相对支撑轴颈的同轴度要求，消除基准不重合而引起的误差。

（4）以带有中心孔的锥堵作为定位基准　在加工空心轴的外圆表面时，往往采用代中心孔的锥堵或锥套心轴作为定位基准。

锥堵或锥套心轴应具有较高的精度，锥堵和锥套心轴上的中心孔即是其本身制造的定位基准，又是空心轴外圆精加工的基准。因此必须保证锥堵或锥套心轴上锥面与中心孔有较高的同轴度。在装夹中应尽量减少锥堵的安装次数，减少重复安装误差。实际生产中，锥堵安装后，中途加工一般不得拆下和更换，直至加工完毕。

【工作程序与方法要求】

销轴加工步骤如下：

步骤 1. 车端面，钻中心孔

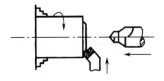

步骤 2. 粗车 $\phi16\times75$、$\phi13\times64$、$\phi11\times16$

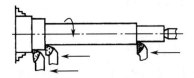

步骤 3. 切退刀槽 $\phi8\times3$

步骤 4. 精车 φ12、φ10×16

步骤 5. 倒角 1×45°

步骤 6. 车 M10 螺纹

步骤 7. 切断，全长 71mm

步骤 8. 掉头，车球面 R20 用双手同时操纵

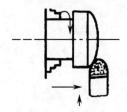

步骤 9. 检验

【工作任务实施记录与评价】

一、制订 "农机具零件普通机床加工" 工作计划

师傅指导记录	制订工作计划质量评价	评价成绩
		年　月　日

二、制造工艺流程记录

师傅指导记录	加工制造工艺流程评价	评价成绩
		年　月　日

三、工作过程学习记录

加工零件名称	安全教育内容	领取毛坯材料	领取毛坯尺寸	加工技术要求	技术员复核签字

加工准确性及效率评价				评价成绩	
				时　间	

四、学徒职业品质、工匠精神评价

项目	A	B	C	D
工作态度				
吃苦耐劳				
团队协作				
沟通交流				
学习钻研				
认真负责				
诚实守信				

五、学徒对工作过程的总结和反思

岗位工作任务四
农机具零件数控机床加工

【工作任务目标与质量要求】

轴类零件数控车削加工任务：典型轴类零件如图 3-84 所示，零件材料为 45 钢，无热处理和硬度要求，对该零件进行数控车削工艺分析与加工。

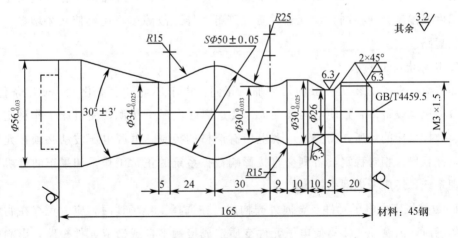

图 3-84　典型轴类零件

【工作任务设备和场地要求】

一、数控机床加工设备要求

数控车床、数控铣床、砂轮机、各种量具、各种刀具等。

二、数控机床金属加工环境要求

数控机床作为一种高精密的机器设备，其机电一体化的程度较高，在现代机械制造业中扮演着重要的角色，极大地提高了机器设备的生产效率。作为机器设备，在使用过程中受到环境、空气、电源等多种因素的影响，不当使用容易造成数控机床的故障，影响其正常的使用和运转。在使用过程中，应加强对数控机床合理使用的重视，为数控机床的正常使用提供保障。由于数控机床比普通机床更加精密，电子元器件更多，所以对安装使用的位置、温度和电源都有一定的要求。

1. 安装位置的要求

机床的安装位置应远离振源，避免潮湿和气流的影响，避免阳光直接照射和热辐射的影响。工作场地要避免阳光的直接照射和高温环境，避免过于潮湿、粉尘过多的场所，在使用中要选择干燥清洁的场地，有条件的企业应尽可能地将数控机床的使用置于空调环境下，保持恒定的室温。由于我国处于温带气候，受季风影响，温度差异大，精度高、价格贵的数控机床，应置于有空调的房间中使用。

2. 温度的要求

数控机床的环境温度应低于30℃，相对湿度不应超过80％。一般来说，数控电箱内部设有排风扇或冷风机，以保持电子元器件特别是中央处理器的工作温度恒定。过高的温度和湿度会使控制系统元器件寿命降低，导致故障多，还会使灰尘增多，导致电路板短路。

3. 机床电源的要求

如将数控机床安装在一般的机床加工车间，由于环境温度变化大，使用条件差，而且各种机电设备多，致使电网波动大。要远离强电磁干扰源，使机床工作稳定。因此安装数控机床的场所，需要对电源电压有严格的控制。电源电压波动必须在允许范围内，并且保持相对稳定，否则会直接影响数控系统的正常工作。如果车间有机床网络管理系统，还应考虑网络接口。

4. 数控机床由电子元件及金属外壳构成，在选择工作场地时，应避免存在腐蚀性气体的场所，因腐蚀气体易使电子元件变质造成接触不良或造成元件短路，影响机床的正常运行。避免因为腐蚀性气体造成的金属零件腐蚀等问题，影响数控机床的正常使用。

5. 数控机床作为自动化、智能化较高的机器，应远离振动较大的工作环境，远离对其产生振动影响的机器设备，必要时工作场地要采取防振措施，为数控机床的使用创造良好的工作场地。要远离振动大的设备（如冲床、锻压设备等），对于高精度的机床还应采用防震措施（如防震沟等），否则将直接影响机床的加工精度及稳定性，还将使电子元器件接触不良、发生故障，影响数控机床的可靠性。

【工作任务知识准备】

一、数控机床的基本知识

（一）数控机床是一种高效的自动化加工设备，它严格按照加工程序，自动地对被加工工件进行加工。

我们把从数控系统外部输入的直接用于加工的程序称为数控加工程序，简称为数控程序。

1. 与普通机床相比，数控加工有如下特点

①自动化程度高；

②具有加工复杂形状零件的能力；

③生产准备周期短；

④加工精度高；

⑤易建立与计算机间的通信联络。

2. 以下这些类型的零件最适宜于数控加工

①形状复杂、加工精度要求较高或用数学方法定义的复杂曲线、曲面轮廓；

②公差带小、互换性高、要求精确复制的零件；

③用通用机床加工时，要求设计制造复杂的专用工装或需要很长调整时间的零件；

④价值高的零件；

⑤小批量生产的零件；

⑥钻、镗、铰、攻螺纹及铣削加工联合进行的零件。

3. 目前数控机床的品种很多，通常按下面 4 种方法进行分类

（1）按工艺用途分类

①切削加工类　数控车床、数控镗铣床、数控磨床、加工中心、数控齿轮加工机床、FMC 等。教学中广泛使用的数控车床包括 CKA6136、CAK6140（图 3-85）等，数控铣床为 XKA714，VMC850 等。

②成形加工类　数控折弯机、数控弯管机等。

③特种加工类　数控线切割机、电火花加工机、激光加工机等。

④其他类型　数控装配机、数控测量机、机器人等。

（2）按控制的运动轨迹分类

①点位控制　点位控制数控机床只要求获得准确的加工坐标点的位置。由于数控机床只是在刀具或工件到达指定位置后才开始加工，在运动过程中并不进行加工，所以从一个位置移动到另一个位置的运动轨迹不需要严格控制。数控钻床、数控坐标镗

床和数控冲床等均采用点位控制。图 3-86 是点位控制钻床加工示意图。

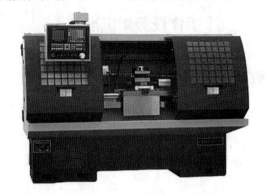

图 3-85 CAK6140 机床

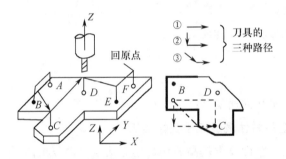

图 3-86 点位控制钻床加工示意图

因为这类机床最重要的性能指标是要保证孔的相对位置，并要求快速点定位，以便减少空行程时间。因此，采用点位控制方式的数控机床是当刀具或工件接近定位点时，分两步完成，首先降低移动速度，然后实现准确停止。

②点位直线控制　点位直线控制数控机床，除了要求控制位移终点位置外，还能实现平行坐标轴的直线切削加工，并且可以设定直线切削加工的进给速度。例如在车床上车削阶梯轴，铣床上铣削台阶面等（图 3-87）。

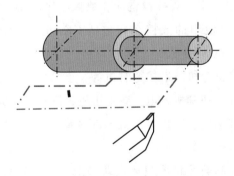

图 3-87 点位直线控制切削加工

③轮廓控制　轮廓控制数控机床能够对两个或两个以上的坐标轴同时进行控制，不仅能够控制机床移动部件的起点与终点坐标值，而且能控制整个加工过程中每一点的速度与位移量（图3-88，图3-89）。

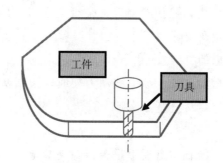

图 3-88　轮廓控制数控机床

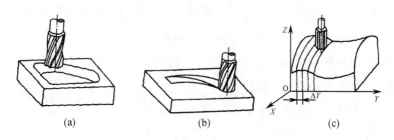

(a)　　　　　　　　　　(b)　　　　　　　　　　(c)

图 3-89　轮廓控制数控机床示意图

a）两坐标联动加工　　（b）三坐标联动加工　　（c）三坐标两联动加工两轴半联动

（3）按控制方式分类　数控机床按照对被控量有无检测反馈装置可分为开环控制和闭环控制两种。在闭环系统中，根据测量装置安放的部位又分为全闭环控制和半闭环控制两种。

（二）数控机床安全操作规程

（1）实习时要按规定穿戴好工作服和防护帽，严禁戴手套操作机床。

（2）不熟悉机床性能结构和按钮功能前不能进行操作。未经实习指导教师许可不准擅自动用任何设备、电闸、开关和操作手柄，以免发生安全事故。

（3）实习中如有异常现象或发生安全事故应立即拉下电闸或关闭电源开关，停止实习，保留现场并及时报告指导人员，待查明事故原因后方可再行实习。

（4）程序输入前必须严格检查程序的格式、代码及参数选择是否正确。学生编写的程序必须经指导教师检查同意后，方可进行输入操作，开始加工之前必须认真复核程序。程序输入后要进行加工轨迹的模拟显示，确定程序正确后，方可进行加工操作。

（5）主轴启动前应注意检查以下各项：

①所有开关应处于非工作的安全位置。

②机床的润滑系统及冷却系统应处于良好的工作状态。

③检查加工区域有无搁放其他杂物，确保运转畅通。

④必须检查变速手柄的位置是否正确，以保证传动齿轮的正常啮合。

⑤调整好刀具的工作位置，包括检查刀具是否夹紧、刀具位置是否正确、刀尖旋转是否会撞击工件、卡盘及尾架等。

⑥禁止工件未夹紧就启动机床。

⑦调整好刀架的工作限位。横、纵向移动刀架时，必须检查各拖板超过极限位置的报警是否正常，若不报警应马上报告教师。

⑧必须完成对刀操作。

⑨在执行程序之前必须检查夹盘扳手是否留在夹盘上，检查回转刀架回转空间内是否有异物。

⑩床面刀架上不得放置工具、量具、杂物等，清理切屑使用专用工具。

（6）操作数控车床进行加工时应注意以下各项：

①当机床出现报警信息时，无论机床是否仍能运转，都必须向教师汇报，由教师处理。教师不许带报警信息运行机床。

②加工过程不得拨动变速手柄，以免打坏齿轮。

③加工过程须盖好防护罩。

④必须保持精力集中，发现异常立即按下"急停"按钮停车处理，以免损坏设备。

⑤程序运行开始时，必须用手虚按在急停按钮上，随时准备发现问题，停止程序。

（7）装卸工件、刀具时，禁止用重物敲打机床部件。

（8）车刀磨损、崩刃后要及时更换。

（9）务必在机床停稳后，再进行测量工件、检查刀具、安装工件等各项工作。

（10）操作者离开机床时，必须停止机床的运转。

（11）操作完毕必须关闭电气，机床断电之前必须做好导轨等部位的清理，要将尾座回退到机床导轨右侧末端并锁紧。清理工具，保养机床和打扫工作场地。

（12）关机时注意：先关系统，后关电源。

二、数控车床的结构与坐标系

（一）车床概述

数控车床主要用于加工精度要求高，表面粗糙度好，轮廓形状复杂的轴类、盘类、带特殊螺纹等回转体零件，能够通过程序控制自动完成圆柱面、圆锥面、圆弧面、成形表面及各种螺纹的切削加工，并进行切槽、钻、扩、铰孔等加工（图3-90）。数控车床具有加工灵活、通用性强，能适应产品的品种和规格频繁变化的特点，能够满足新产品的开发和多品种、小批量、生产自动化的要求，因此被广泛应用于机械制造业。

1. 数控车削加工的原理

数控车床是数控金属切削机床中最常用的一种机床，数控车床的主运动和进给运动是由不同的电机进行驱动的，而且这些电机都可以在机床的控制系统下，实现无级调速。它的工作过程如图 3-91 所示。

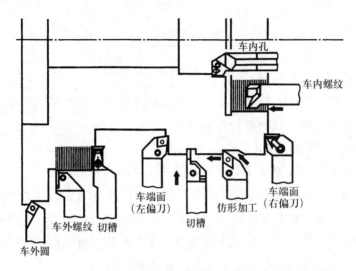

图 3-90　数控车床的各种加工方法

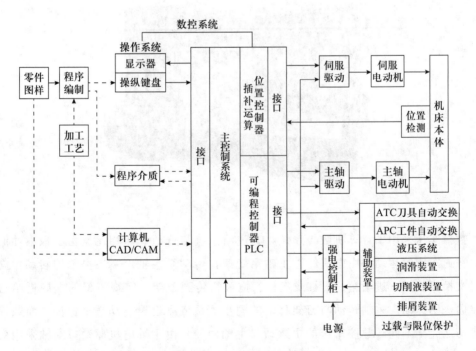

图 3-91　数控车床控制系统

2. 数控车床的组成

数控车床由如图 3-92 所示的几部分组成。

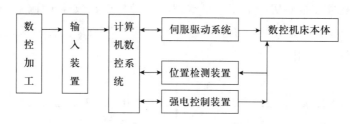

图 3-92　数控机床逻辑组成

数控机床由数控加工、输入装置、计算机数控装置、进给伺服驱动系统、主轴伺服驱动系统、辅助装置、可编程控制器（PLC，ProgrammableLogicController）、反馈装置和强电控制装置和机床本体等部分组成。

从物理结构上看，数控车床与普通车床的机械结构相似，即由床身、主轴箱、进给传动系统、刀架以及液压、冷却、润滑系统等辅助部分组成，其主要的机械部分也与普通车床基本一致，但其某些机械结构有一定的改变。简单来讲，普通车床是由操作人员直接控制，车床的每一个动作都依赖于操作人员。而数控车床则是由操作人员操作数控系统，再由控制系统来驱动机床的运动（图 3-93）。

图 3-93　数控车床

数控车床采用了计算机数控系统，其进给系统与普通车床相比发生了根本性的变化。普通车床的运动是由电机经过主轴箱变速，传动至主轴，实现主轴的转动，同时经过交换齿轮架、进给箱、光杠或丝杠、拖板箱传到刀架，实现刀架的纵向进给运动和横向进给运动。主轴转动与刀架移动的同步关系依靠齿轮传动链来保证。而数控车床则与之完全不同。数控车床的主运动（主轴回转）由主轴电机驱动，主轴采用变频无级调速的方式进行变速。驱动系统采用伺服电机（对于小功率的车床，采用步进电机）驱动，经过滚珠丝杠传送到机床拖板和刀架，以连续控制的方式，实现刀具的纵向（Z向）进给运动和横向（X向）进给运动。这样，数控车床的机械传动结构大为简化，精度和自动化程度大大提高。数控车床主运动和进给运动的同步信号来自安装在主轴上的脉冲编码器。当主轴旋转时，脉冲编码器便向数控系统发出检测脉冲信号。数控系统对脉冲编码器的检测信号进行处理后传给伺服系统中的伺服控制器，伺服控制器再去驱动伺服电机移动，从而使主运动与刀架的切削进给保持同步。

（二）车床的坐标系

（1）笛卡儿坐标系　在 ISO 和 EIA 标准中都规定直线进给运动用右手直角笛卡儿坐标系 X、Y、Z 表示，常称基本坐标系。X、Y、Z 坐标轴的相互关系用右手定则决定。如图 3-94 所示，图中大拇指的指向为 X 轴的正方向，食指指向为 Y 轴的正方向，中指指向为 Z 轴的正方向。

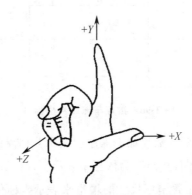

图 3-94　右手直角笛卡儿坐标系

（2）机床坐标系　机床坐标系是机床上固有的坐标系，并设有固定的坐标原点。该坐标点为机床原点，是由数控车床的结构决定的，一般为主轴旋转中心与卡盘端面的交点。如图 3-95 所示为数控车床机床坐标系，图中 O 为机床原点。

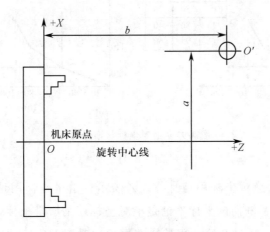

图 3-95　数控车床机床坐标系

数控车床的坐标系是以与主轴轴线平行的方向为 Z 轴，并规定从卡盘中心至尾座顶尖中心的方向为正方向。在水平面内与车床主轴轴线垂直的方向为 X 轴，并规定刀具远离主轴旋转中心的方向为正方向。

（3）工件坐标系　设定工件坐标系的 X_p、Y_p、Z_p，目的是为了编程方便。设置工件坐标系原点的原则是：应尽可能选择在工件的设计基准和工艺基准上，工件坐标系的坐标轴方向与机床坐标系的坐标轴方向保持一致。在数控车床中，原点 O_p 一般设定在工件右端面与主轴的交点上，如图 3-96 所示。

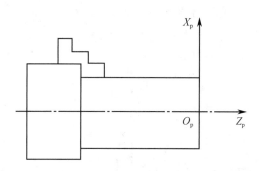

图 3-96　数控车床工件坐标系

（4）绝对坐标与增量坐标　数控加工程序中表示几何点的坐标位置有绝对值和增量值两种方式。绝对值是以"工件原点"为依据来表示坐标位置，如图 3-97（a）所示。增量值是以相对于"前一点"位置坐标尺寸的增量来表示坐标位置，如图 3-97（b）所示。在数控程序中绝对坐标与增量坐标可单独使用，也可以在不同程序段上交叉设置使用，数控车床上还可以在同一程序段中混合使用，使用原则主要看何种方式编程更方便。

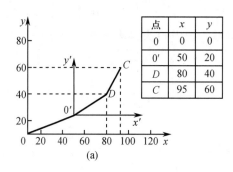
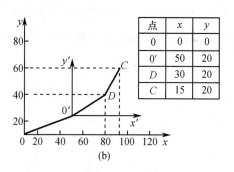

点	x	y
0	0	0
0'	50	20
D	80	40
C	95	60

点	x	y
0	0	0
0'	50	20
D	30	20
C	15	20

图 3-97　绝对坐标与增量坐标

（a）绝对坐标　　（b）增量坐标

一般数控车床上绝对坐标用地址 X、Z 表示；增量坐标用地址 U、W 分别表示 X、Z 轴向的增量。X 轴向的坐标不论是绝对坐标还是增量坐标，一般都用直径值表示（称为直径编程），这样会给编程带来方便，这时刀具实际的移动距离是直径值的一半。

三、数控编程常用指令

（一）数控车床的编程步骤

数控车床是按事先编好的程序进行工作的。应把待加工零件的工艺参数、刀具轨迹、切削参数等，按照规定的代码及格式编写程序单，并输入到数控装置里用于控制数控机床（图 3-98）。

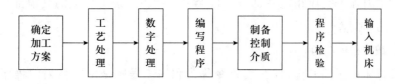

图 3-98　编程的内容及步骤

拿到一张零件图纸后，首先应对零件图纸分析，确定加工工艺过程，即确定零件的加工方法（如采用的工夹具、装夹定位方法等），加工路线（如进给路线、对刀点、换刀点等）及工艺参数（如进给速度、主轴转速、切削速度和切削深度等）。其次应进行数值计算。绝大部分数控系统都带有刀补功能，只需计算轮廓相邻几何元素的交点（或切点）的坐标值，得出各几何元素的起点、终点和圆弧的圆心坐标值即可。最后，根据计算出的刀具运动轨迹坐标值和已确定的加工参数及辅助动作，结合数控系统规定使用的坐标指令代码和程序段格式，逐段编写零件加工程序单，并输入 CNC 装置的存储器中。

（二）数控车床加工工艺路线制订

数控车床加工过程中，由于加工对象复杂多样，特别是轮廓曲线的形状及位置千变万化，加上材料、批量不同等多方面因素的影响，具体在确定加工方案时，可按先粗后精、先近后远、刀具集中、程序段少、走刀路线最短等原则综合考虑。下面就其中几点做简要介绍：

1. 先粗后精

粗加工完成后，接着进行半精加工和精加工。其中，安排半精加工的目的是：当粗加工后所留余量的均匀性满足不了精加工要求时，则可安排半精加工作为过渡性工序，以便使精加工余量小而均匀。

精加工时，零件的轮廓应由最后一刀连续加工而成。这时，加工刀具的进、退刀位置要考虑妥当，尽量沿轮廓的切线方向切入和切出，以免因切削力突然变化而造成弹性变形，致使光滑连接轮廓上产生表面划伤、形状突变或滞留刀痕等疵病。

对既有内孔，又有外圆的回转体零件，在安排其加工顺序时，应先进行内外表面粗加工，后进行内外表面精加工。切不可将内表面或外表面加工完成后，再加工其他表面。

2. 先近后远

这里所说的远与近，是按加工部位相对于刀点的距离大小而言的。通常在粗加工时，离对刀点近的部位先加工，离对刀点远的部位后加工，以缩短刀具移动距离，减少空行程时间。

对于车削加工，先近后远还有利于保持毛坯件或半成品件的刚性，改善其切削条件。

3. 刀具集中

即用一把刀加工完成相应各部分，再换另一把刀，加工相应的其他部分，以减少空行程和换刀时间。

（三）数控程序结构

为运动机床而送到 CNC 的一组指令称为程序。程序是由一系列的程序段组成的（图 3-99）。

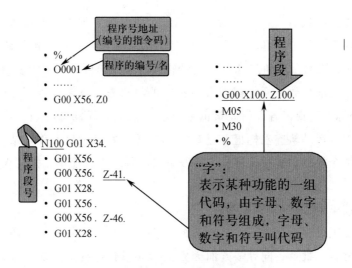

图 3-99　数控程序结构

1. 程序号

在数控装置中，程序的记录是由程序号来辨别的，调用或编辑某个程序可通过程序号来调出。程序号用地址码及 4 位数（1～9999）表示。不同的数控系统程序号地址码也有差别，通常 FANUC 系统用"O"，如：O0001；SINUMERIC 系统用"％"。编程时一定要按机床说明书的规定进行。

2. 程序段

程序段由程序段顺序号和各种功能指令构成：

$$N\_\ G\_\ X\,(U)\ \_Z\,(W)\ \_F\_\ M\_S\_\ T\_$$

其中：

N_ 为程序段顺序号；用地址 N 及 1～9999 中任意数字表示；

G_ 为准备功能；

X（U）_Z（W）_为工件坐标系中 X、Z 轴移动终点位置；

F_为进给功能指令；

M_为辅助功能指令；

S_为主轴功能指令；

T_为刀具功能指令。

（四）数控系统功能指令代码

1. 准备功能 G 指令

由字母（地址符）G 和两位数字组成，从 G00～G99 共 100 种。主要用于控制刀具对工件进行切削加工，由于国内外数控系统实际使用的功能指令标准化程度较低，因此编程时必须遵照所用数控机床的使用说明书编写加工程序。

G 代码分为模态功能 G 代码和非模态功能 G 代码。00 组的 G 代码属于非模态功能 G 代码，只限定在被指定的程序段中有效，其余组 G 代码属于模态功能 G 代码，具有连续性，在后续程序段中，只要同组其他属于非模态功能 G 代码未出现则一直有效。不同的属于非模态功能 G 代码在同一程序段中可指定多个。如果在同一程序中指定了多个属于同一组的属于非模态功能 G 代码时，只有最后面那个属于非模态功能 G 代码有效。

2. 辅助功能 M 指令

由字母（地址符）M 和其后的两位数字组成。从 M00～M99 共有 100 种，这种指令主要由于机床加工操作时的工艺性指令，常用的 M 代码如表 3-19 所示。

表 3-19　辅助功能指令

M 代码	功能说明	M 代码	功能说明
M00	程序停止	M12	尾顶尖伸出
M01	选择停止	M13	尾顶尖缩回
M02	程序结束	M21	门打开可执行程序
M03	主轴顺时针转动	M22	门打开无法执行程序
M04	主轴逆时针转动	M30	程序结束返回程序头
M05	主轴停止	M98	调用子程序
M08	冷却液开	M99	子程序结束
M09	冷却液关		

3. 进给功能 F 指令

分为每转进给量和每分钟进给量。

（1）G99：每转进给量。

格式：G99　F_；

G99 使进给量 F 的单位为 mm/r。

（2）G98：每分钟进给量。

格式：G98 F＿；

G98 使进给量 F 的单位为 mm/min。

说明：数控车床当接入电源时，机床进给方式默认为 G99。

4. 主轴转动功能 S 指令

（1）G50：设定主轴最高转速

该指令可防止因主轴转速过高，离心力太大，产生危险及影响机床寿命。

格式：G50 S＿；

其中 S 指令给出主轴最高转速。

（2）G96：设定主轴转速恒线速度

格式：G96S＿；

设定主轴线速度，即切削速度恒定（m/min）。该指令在切削端面或工件直径变化较大时使用，转速与线速度的转换关系为：

$$n＝1\,000\,v/\pi d \quad (4\text{-}1)$$

式中：v—线速度，m/min；

d—已加工表面的直径，mm；

n—主轴转速，r/min。

（3）G97：设定主轴恒转速。

格式：G97 S＿；设定主轴转速恒定（r/min）。

5. 刀具功能 T 指令

用于指定刀具号及刀具补偿号。

格式：TXXXX；

T 指令后，前两位表示刀具号，后两位表示刀具补偿号。

（1）刀具序号尽量与刀塔上的刀位号相对应；

（2）刀具补偿包括几何补偿和磨损补偿；

（3）为使用方便，尽量使刀具序号和刀具补偿号保持一致；

（4）取消刀具补偿，T 指令格式为：TXX 00。

6. 指令具体的使用说明

（1）G00 快速点定位指令　该指令使刀具以系统预先设定的速度移动定位到指定的位置。

格式：G00X＿（U＿）Z＿（W＿）；

其中：X＿（U＿）、Z＿（W＿）分别为终点的绝对坐标（增量坐标）值。

（2）G01 直线插补指令　该指令使刀具以指定的进给速度移动定位到指定的位置。用于直线或斜线运动，可沿 X 轴、Z 轴方向执行单轴运动，也可沿 XZ 平面内任意斜率的直线运动。

格式：G01X ＿（U ＿）Z ＿（W ＿）F ＿；

其中：X ＿（U ＿）、Z ＿（W ＿）分别为终点绝对坐标（增量坐标）。

G01 指令除了作直线切削外，还可以作自动倒角、倒圆加工。

①自动倒角指令

格式：G01Z（W）＿ I（C）＿；

或 G01X（U）＿ K（C）＿；

其中 Z（W）、X（U）分别为终点绝对坐标（增量坐标），I（C）、K（C）为倒角起点到终点在 X、Z 方向的增量，若终点坐标大于起点坐标时，该值为正，反之为负。具体用法见表 3-20 所示。

②自动倒圆指令

格式：G01Z（W）＿ R＿；

或　G01X（U）＿ R＿；

其中：Z（W）、X（U）分别为终点绝对坐标（增量坐标），R 值若终点坐标大于起点坐标时，该值为正，反之为负。具体用法见表 3-20 所示。

表 3-20　倒角与倒圆的用法

类别	命令	刀具的运动
倒角 $Z \to X$	G01Z（W）b I（C）$\pm i$；在右图中，到点 b 的运动可以通过绝对值或增量值定义	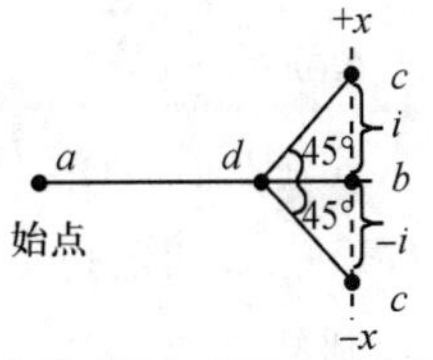
倒角 $X \to Z$	G01Z（W）b K（C）$\pm i$；在右图中，到点 b 的运动可以通过绝对值或增量值定义	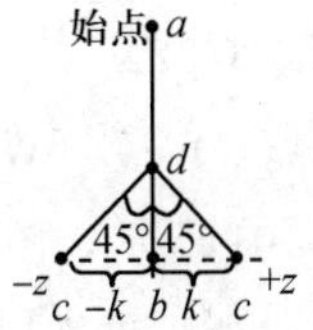
倒圆 $Z \to X$	G01Z（W）b R$\pm i$；在右图中，到点 b 的运动可以通过绝对值或增量值定义	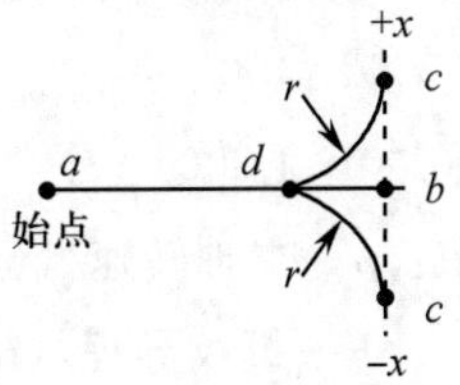
倒圆 $X \to Z$	G01Z（W）b R$\pm i$；在右图中，到点 b 的运动可以通过绝对值或增量值定义	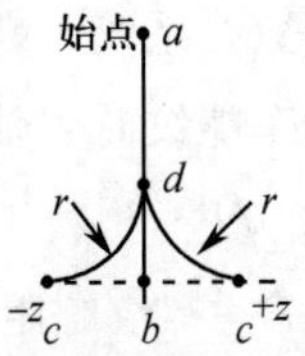

（3）G02/G03　圆弧插补指令

①G02 为顺时针圆弧插补指令；

格式：G02X（U）＿Z（W）＿I＿K＿F＿；

或　　　G02X（U）＿Z（W）＿R＿F＿；

②G03 为逆时针圆弧插补指令。

格式：G03X（U）＿Z（W）＿I＿K＿F＿；

或　　　G03X（U）＿Z（W）＿R＿F＿；

③参数说明

a. X（U），Z（W）为圆弧终点位置坐标。

b. K 为圆弧起点到圆心在 X，Z 轴方向上的增量（I、K 方向与 X、Z 轴方向相同时取正，否则取负值）；R 为圆弧的半径值，当圆弧≤180°时，R 取正值；当圆弧＞180°时，不能用 R 指定；当 I、K 和 R 同时被指定时，R 指令优先，I、K 值无效（图 3-100）。

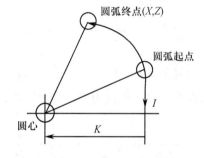

图 3-100　I，K 圆弧起点到圆心在 X，Z 轴方向上的增量

（4）G04 暂停指令　该指令控制系统按指定时间暂时停止执行后续程序段。暂停时间结束则继续执行。

格式：G04X＿；

G04U＿；

G04P＿；注：使用 P 不能有小数点。

（5）G32 螺纹切削指令　该指令可用于切削圆柱螺纹，圆锥螺纹及端面螺纹。

格式：圆柱螺纹 G32Z（W）＿F＿；

圆锥螺纹 G32X（U）＿Z（W）＿F＿；

其中 X（U），Z（W）为圆弧终点绝对坐标（增量坐标），F 为螺纹的导程。

如图 3-101 所示，图中 δ_1 和 δ_2 分别表示进刀段和退刀段。伺服系统的延迟而产生的不完全螺纹，处于进刀段和退刀段，会降低延迟产生的螺纹误差。一般的依据经验有

$\delta_1 = n \times F / 400$

$\delta_2 = n \times F / 1\,800$

式中：n—主轴转速（r/min）；

F—螺纹导程（mm）。

不同的数控系统车螺纹时推荐不同的主轴转速范围，大多数经济型数控车床的数控系统推荐车螺纹时主轴转速如下：

$n \leqslant 1\,200 / P - k$

式中：P—螺纹螺距（mm）；

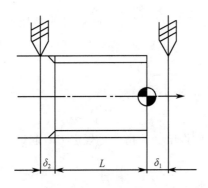

图 3-101 进刀段和退刀段

k—保险系数，一般为 80。

普通螺纹切削的进给次数与吃刀量见表 3-21。

表 3-21 普通螺纹切削的进给次数与吃刀量

公制螺纹							
螺距/mm	1.0	1.5	2	2.5	3	3.5	4
牙深（半径值）	0.649	0.974	1.299	1.624	1.949	2.273	2.598
切削次数及背吃刀量（直径值） 1 次	0.7	0.8	0.9	1.0	1.2	1.5	1.5
2 次	0.4	0.6	0.6	0.7	0.7	0.7	0.8
3 次	0.2	0.4	0.6	0.6	0.6	0.6	0.6
4 次		0.16	0.4	0.4	0.4	0.6	0.6
5 次			0.1	0.4	0.4	0.4	0.4
6 次				0.15	0.4	0.4	0.4
7 次					0.2	0.2	0.4
8 次						0.15	0.3
9 次							0.2
英制螺纹							
牙/in	24	18	16	14	12	10	8
牙深（半径值）	0.698	0.904	1.016	1.162	1.355	1.626	2.033
切削次数及背吃刀量（直径值） 1 次	0.8	0.8	0.8	0.8	0.9	1.0	1.2
2 次	0.4	0.6	0.6	0.6	0.6	0.7	0.7
3 次	0.16	0.3	0.5	0.5	0.6	0.6	0.6
4 次		0.11	0.14	0.3	0.4	0.4	0.5
5 次				0.13	0.21	0.4	0.5
6 次						0.16	0.4
7 次							0.17

（6）G28 自动返回参考点指令。该指令使刀具从当前位置以快速定位（G00）移

动方式，经过中间点回到机械原点。指定中间点目的是使刀具沿着一条安全路径回到参考点。

格式：G28X（U）＿Z（W）＿；

其中 X（U），Z（W）为中间点坐标；

该指令以 G00 的速度运动。

（7）G50 工件坐标系的设定。该指令是规定刀具起刀点至工件原点的距离，建立工件坐标系。

格式：G50X（A）Z（B）；

指令中 A，B 指刀尖距工件坐标系原点的距离，如图 3-102 所示。

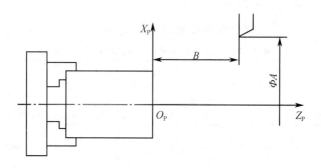

图 3-102 工件坐标系的设定

用 G50 指令建立的坐标系，是一个以工件原点为坐标系原点，确定刀具当前所在位置的一个坐标系。

（8）单一固定循环指令

①G90：轴向切削循环指令。该指令可用于圆柱面或圆锥面车削循环。

格式：切削圆柱面-G90X（U）＿Z（W）＿（F＿）；

切削圆锥面-G90X（U）＿Z（W）＿R＿（F＿）；

其中 X（U），Z（W）为切削终点绝对（增量）坐标，R 为循环终点与起点的半径差，若锥面起点坐标大于终点坐标时，该值为正，反之为负。

②G94：端面切削循环指令。该指令可用于直端面或锥端面车削循环。

格式：直端面车削循环-G94X（U）＿Z（W）＿（F＿）；

锥端面车削循环-G94X（U）＿Z（W）＿R＿（F＿）；

其中各地址码的含义与 G90 同。

③G92：螺纹切削循环指令。该指令可用于圆柱螺纹或锥螺纹的循环车削。

格式：圆柱螺纹-G92X（U）＿Z（W）＿F＿；

锥螺纹-G92X（U）＿Z（W）＿R＿F＿；

其中 X（U），Z（W）为螺纹切削终点坐标；R 为锥螺纹循环终点与起点的半径差，其正负判断与 G90 相同；F 为螺纹导程；

（9）复合固定循环指令

①G71：轴向粗加工循环指令。该指令适用于圆柱棒料粗车阶梯轴的外圆或内孔需切除较多余量时的情况。

格式：G71U ΔdRe；

G71PnsQnfUΔu　W Δw（F＿S＿ T＿）；

其中 Δd 为每次切削背吃刀量（半径值，一定为正值）；e 为每次切削结束的退刀量；ns 为精加工程序开始程序段的顺序号；nf 为精加工程序结束程序段的顺序号；Δu 为 X 轴向的精加工余量（直径值，外圆加工为正，内孔为负）；Δw 为 Z 轴向的精加工余量。

注：顺序号 ns 第一步程序不能有 Z 轴移动指令。

G71 循环指令的刀具切削路径，如图 3-103 所示。

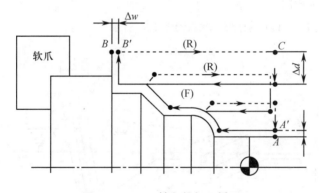

图 3-103　G71 轴向粗加工循环

②G72：径向粗加工循环指令。该指令适用于当直径方向的切除量比轴向切除量大时。

格式：G72W ΔdRe；

G72PnsQnfUΔuWΔw（F＿S＿ T＿）；

其中 Δd 为每次 Z 向切削深度（一定为正值）；e 为每次切削结束的退刀量；ns 为精加工程序开始程序段的顺序号；nf 为精加工程序结束程序段的顺序号；Δu 为 X 轴向的精加工余量；Δw 为 Z 轴向的精加工余量。

注：顺序号 ns 第一步程序不能有 X 轴移动指令。

G72 循环指令的刀具切削路径，如图 3-104 所示。

③G73：仿形粗车循环指令。该指令用于零件毛坯已基本成型的铸件或锻件的加工。铸件或锻件的形状与零件轮廓相近，这时若仍使用 G71 或 G72 指令，则会产生许多无效切削而浪费加工时间。

格式：G73U ΔiW ΔkRd；

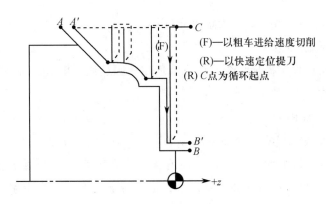

图 3-104　G72 径向粗加工循环

G73PnsQnfU∆uW ∆w（F_S_ T_）；

其中 ∆i 为 X 轴方向退刀距离（半径值）；∆k 为 Z 轴退刀距离；d 为切削次数；其余各项含义与 G71 相同。

G73 循环指令的刀具切削路径，如图 3-105 所示。

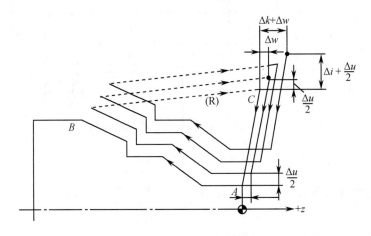

图 3-105　G73 闭环切削循环

∆i 及 ∆k 为第一次车削时退离工件轮廓的距离及方向，确定该值时应参考毛坯的粗加工余量大小，以使第一次走刀切削时就有合理的切削深度，计算方法如下：

∆i（X 轴退刀距离）＝（X 轴粗加工余量）－（每次切削深度）

∆k（Z 轴退刀距离）＝（Z 轴粗加工余量）－（每次切削深度）

例如：若 X 轴方向粗加工余量为 6 mm，分三次走刀，每次切削深度为 2 mm，则：

∆i＝6-2＝4，d＝3。

④G70：精加工循环指令。G71、G72 或 G73 粗加工后，该指令用于精加工。

格式：G70PnsQnf；

其中 ns 为精加工程序开始的程序段的顺序号；nf 为精加工循环结束程序段的顺

序号。

说明：

a. 在 G71、G72 程序段中的 F、S、T 指令都无效，只有在 ns～nf 之间的程序段中的 F、S、T 指令有效；

b. G70 切削后刀具会回到 G71～G73 的开始切削点；

c. G71、G72 循环切削之后必须使用 G70 指令执行精加工；

d. 在没有使用 G71、G72 指令时，G70 指令不能使用。

⑤G76：螺纹车削多次循环指令。该指令用于螺纹多次车削循环。

格式：G76Pmra　Q ΔdminRd；

　　　G76X（U）＿Z（W）＿Ri　PkQΔd　Ff；

其中：

m：为精车削次数，必须用两位数表示，范围从 01～99；

r 为螺纹末端倒角量，必须用两位数表示，范围从 00～99，例如 r＝10，则倒角量＝10×0.1×导程＝导程；

a：为刀具角度，有 00º、29º、30º、55º、60º 等几种，m、r、a 都必须用两位数表示，同时由 P 指定，例如 P021060 表示精车两次，末端倒角量为一个螺距长，刀具角度为 60°；

Δd min：为最小切削深度，若自动计算而得的切削深度小于 Δd min 时，以 Δd min 为准，此数值不可用小数点方式表示，例如 Δdmin＝0.02 mm，需写成 Q20；

d：为精车余量；X（U）、Z（W）为螺纹终点坐标，X 即螺纹的小径，Z 即螺纹的长度；

i：为车锥螺纹时，终点 B 到起点 A 的向量值，若 i＝0 或省略，则表示车削圆柱螺纹；

k：为 X 轴方向螺纹深度，以半径值表示，Δd 为第一刀切削深度，以半径值表示，该值不能用小数点方式表示，例如：Δd＝0.6 mm，需写成 Q600；f 为螺纹的螺距。

G76 循环指令的刀具切削路径，如图 3-106 所示。

（五）数控车床刀具补偿功能

在编程时，通常将车刀刀尖作为一点考虑（即假想刀尖位置），所指定的刀具轨迹就是假想刀尖的轨迹，但实际上刀尖部分是带有圆角的，如图 3-107 所示。

在实际操作当中，以假想刀尖编程在加工端面或外圆、内孔等与 Z 轴平行的表面时，没有误差，但在进行倒角、斜面、圆弧面切削时就会产生少切或过切，造成零件加工精度误差（图 3-108）。

为了在不改变程序的情况下，使刀具切削路径与工件轮廓一致，加工出的工件尺寸符合要求，就必须使用刀尖圆弧半径补偿指令。

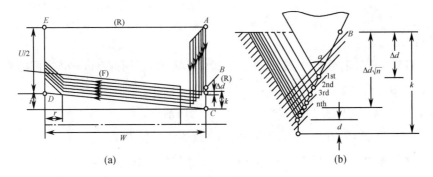

图 3-106 G76 螺纹车削多次循环

（a）切削轨迹　（b）参数定义

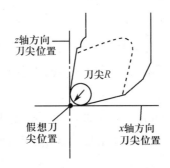

图 3-107 刀尖半径与假想

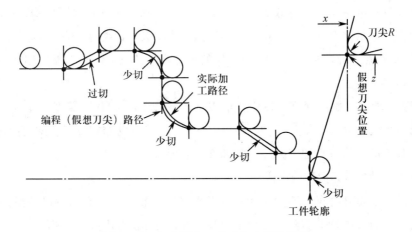

图 3-108 刀尖圆角 R 造成的少切和过切

G40：取消刀具补偿，通常写在程序开始的第一个程序段及取消刀具半径补偿的程序段；

G41：刀具左补偿，在刀具运行前进方向上，刀具沿工件左侧进给，使用该指令；

G42：刀具右补偿，在刀具运行前进方向上，刀具沿工件右侧进给，使用该指令，如图 3-109 所示。

几种数控车床用刀具的假想刀尖位置，如图 3-110 所示。

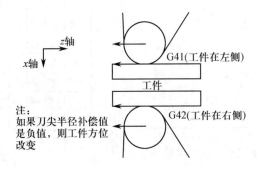

图 3-109　G41、G42 指令

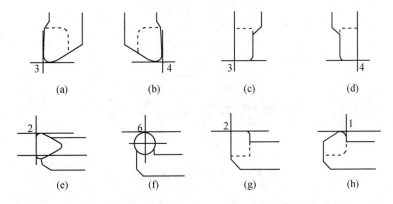

图 3-110　几种数控车床用刀具的假想刀尖位置

（a）右偏车刀　　（b）左偏车刀　　（c）右切刀　　（d）左切刀　　（e）镗孔刀

（f）球头镗刀　　（g）内沟槽刀　　（h）左偏镗刀

四、数控车床操作

（一）数控车床的操作

主要通过操作面板来实现，操作面板由两部分组成：①NC 控制机的操作面板（CRT/MDI 面板）；②机床的操作面板（图 3-111）。对于不同型号的数控机床，由于机床的结构不同及操作面板、电器系统的差别，操作方法各有差异，但基本操作方法相同。本节以 FANUC SeriesOi-Mate-TC 系统数控车床为例，介绍其基本操作方法。

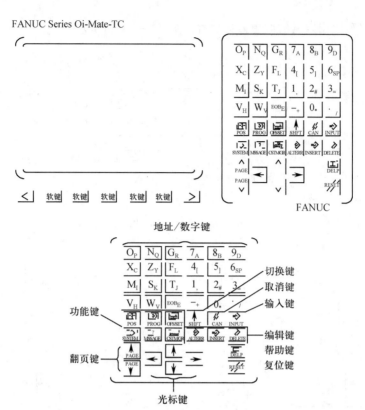

图 3-111　CRT/MDI 操作面板

（二）　数控车床操作面板说明

1. RT/MDI 操作面板及各键基本功能说明（表 3-22）

表 3-22　MDI 面板操作键基本功能说明

图标	名称	基本功能
RESET	复位键	按此键可使 CNC 复位，用以消除报警等。
HELP	帮助键	按此键用来显示如何操作机床，如 MDI 键的操作。可在 CNC 发生报警时提供报警的详细信息（帮助功能）。
⌐	软键（在屏幕下方共 5 个）	根据其使用的场合，对应各功能键，软键有各种功能。软键功能显示在 CRT 屏幕的底部。
7 A	地址、符号和数字键，共 24 个	按这些键可输入字母，数字以及其他字符。
↑ SHIFT	换档键	在键盘上有些键具有两个功能，按下＜SHIFT＞键，可在两个功能之间进行切换。当一个特殊字符在屏幕上显示时，表示键面右下角的字符可以输入。
→ INPUT	输入键	当按了地址键或数字键之后，数据被输入到缓冲器，并在 CRT 屏幕上显示出来。为了把输入到缓冲器中的数据拷贝到寄存器，按＜INPUT＞键。这个键相当于软键的［INPUT］键，按此二键的结果是一样的。

续表 3-22

图标	名称	基本功能
CNA	取消键	按此键可删除已输入到缓冲器的最后一个字符或符号。
INSERT	程序编辑键（共 3 个：ALTER、INSERT、DELETE）	当编辑程序时按这些键。ALTER：替换键；INSERT：插入键；DELETE：删除键。
POS	功能键	按此键可显示位置画面。
PROG	功能键	按此键可显示程序画面。
OFS/SET	功能键	按此键可显示刀偏/设定（SETTING）画面。
SYSTEM	功能键	按此键可显示系统画面。
MSSAGE	功能键	按此键可显示信息画面。
CSTM/GR	功能键	按此键可显示用户宏画面或显示图形画面。
↑	光标移动键（共四个）	这四个不同的光标移动键，用于将光标向左或向右；向上或向下移动光标。
PAGE	翻页键（共两个）	这两个键用于在屏幕上朝前或朝后翻一页。

2. 设置和显示单元（屏幕）区（CRT）

CRT/MDI 显示单元，是与操作者进行信息交换的主要界面，屏幕上方显示功能标题，中间为信息显示区，下方有输入数据显示区、状态区和软键功能区，软键功能与软键一一对应，如图 3-112 所示。

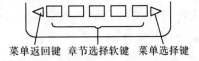

菜单返回键　章节选择软键　菜单选择键

3-112　CRT/MDI 显示单元下方软键

软键区：含有四个章节选择软键，一个操作选择软键，一个菜单返回键和一个菜单继续键，可以实现对显示单元下方所示的软键功能进行选用。

3. 章节选择软键的操作使用

（1）按下 MDI 面板上的功能键，属于所选功能的一章节软键就显示出来。

（2）按下其中一个章节选择软键，则所选章节的功能屏幕就显示出来。目标章节的显示，可通过菜单继续键和返回键查找。

（3）当目标章节屏幕显示后，按下操作选择键，显示要进行操作的数据。

（4）为了重新显示章节选择键，按下菜单返回键。

（三）机床操作控制面板

CAK6136 数控车床机床操作控制面板，如图 3-113 所示。具体的操作方法见下文介绍。

图 3-113　CAK6136 数控车床操作控制面板

（四）操作方法与步骤

1. 电源控制功能

（1）NC 系统电源绿色按钮　按此按钮数秒钟后，荧光屏出现显示，表示控制机已通入电源，准备工作。

（2）NC 系统电源红色按钮　按此按钮后，控制机电源切断，荧光屏显示消失，控制机断电。

（3）急停按钮　在紧急情况下按此按钮，则机床各部分将全部停止运动，NC 控制系统处于"清零"状态，并切断主电机系统．如再重复启动必须先进行"回零"操作。

2. 刀架移动控制部分

（1）点动按钮"＋X、－X、＋Z、－Z"　该按钮控制刀架进行移动。在手动状态下，点动进给倍率开关和快移倍率开关配合使用可实现刀架在某一方向的运动，在同一时刻只能有一个坐标轴移动。

（2）快移按钮　当此按钮与点动按钮同时按下时，刀架按快移倍率开关"F0、25％、50％、100％"选择的速度快速移动。

（3）快移倍率开关"F0、25％、50％、100％"，可改变刀架的快移速度。

（4）进给倍率开关　在自动时，进行调整刀架进给倍率。在 0～120％区间调节，在刀架进行点动时，可以选择点动进给量，当选择空运转状态时，自动进给操作的 F

码无效，执行 mm/min 的进给量。

（5）"回零"操作　在"回零"方式下，分别按 X 轴或 Z 轴的正方向按钮不松手，则 X 轴或 Z 轴以指定的倍率向正方向移动，当压合回零开关时机床刀架减速，以设定的低进给速度移到回零点。相应的 X 轴或 Z 轴回零指示灯亮，表示刀架已回到机床零点位置。

（6）"手摇轮"操作　将状态开关选在"X 手摇"或"Z 手摇"状态与手摇倍率开关"×1、×10、×100、×1000"配合使用，通过摇动手摇轮实现刀架移动．每摇一个刻度，刀架将走 0.001 mm、0.01 mm、0.1 mm、1 mm。

（7）"X 手摇""Z 手摇"键　按下"X 手摇"或"Z 手摇"键，指示灯亮，机床处于 X 轴或 Z 轴手摇进给操作状态，操作者可以通过手摇轮来控制刀架 X 轴或 Z 轴的运动方向。其速度快慢可由"×1、×10、×100、×1000"四个键来控制。

3. 主轴控制部分

（1）"主轴正转"按钮　按此键，主轴将顺时针旋转（面对主轴端面定义），按钮内指示灯亮，此按钮仅在手动状态下时起作用，若主轴正在反转，则必须先按"主轴停"按钮，待主轴停转后，再按主轴正转按钮。主轴的转速由手动数据输入或程序中的 S 码指令决定。

（2）"主轴反转"按钮　按此键，主轴将逆时针旋转（面对主轴端面定义），按钮内指示灯亮，此按钮仅在手动状态下时起作用，若主轴正在正转，则必须先按"主轴停"按钮，待主轴停转后，再按主轴反转按钮。主轴的转速由手动数据输入或程序中的 S 码指令决定。

（3）"主轴停止"按钮　此按钮一按下，主轴立即停止旋转，该按钮在所有状态下均起作用。在自动状态下时，此按钮一按下，主轴立即停止，若重新启动主轴必须把状态开关放在手动位置，按相应主轴正反转按钮．

（4）主轴倍率开关　此开关可以调整主轴的转速，即改变 S 码速度，使之按主轴的转速调整范围 50％～120％之间的倍率发生变化，此开关在任何工作状态下均起作用。

4. 工作状态控制部分

（1）状态键可选择下列各种状态。"编辑"状态：在此状态，可以把工件程序读入 NC 控制机，可以对编入的程序进行修改、插入和删除。

① 新建程序

a. 选择 EDIT 方式；

b. 按"PRGRM"键；

c. 输入地址 O 和四位数字程序号，按"INSERT"键将其存入存储器，并以此方式将程序依次输入。

② 寻找程序

a. 选择 EDIT 方式；

b. 按"PRGRM"键；

c. 若屏幕上显示某一不需要的程序时，按下软键"DIR"；

d. 输入想调用的程序号（例如：01234）。

③删除程序

a. 选择 EDIT 方式；

b. 按"PRGRM"键，输入要删除的程序号；

c. 按"DELET"键。可以删除此程序号的程序。

④文字的插入、变更和删除

a. 选择 EDIT 方式；

b. 按"PRGRM"键，输入要编辑的程序号；

c. 移动光标，检索要变更的字；

d. 进行文字的插入、变更和删除等编辑操作。

（2）"自动"状态　在此状态下，可进行存储程序的顺序号检索。当加工程序在 MDI 状态下编好后，按下此键，指示灯亮，机床进入自动操作方式。再按下循环起动按钮，机床按照程序指令连续自动加工。

（3）"MDI"状态　即手动数据输入状态下，可以通过 NC 控制机的操作面板上的键盘把数据送入 NC 控制机中，所送数据均能在荧光屏上显示出来，按循环启动键启动 NC 控制机，执行所送入的程序。

（4）"手动"状态　即 JOG 状态，按下此键，指示灯亮，机床进入手动操作方式。此时可实现机床各种手动功能的操作。

5. 循环控制部分

（1）"循环启动"键　按此键，使用编辑及手动方式输入 NC 控制机内的程序被自动执行，在执行程序时，该键内的指示灯亮，当执行完毕时指示灯灭。

（2）"进给保持"键　当机床在自动循环操作中，按此按钮，刀架运动立即停止，循环启动指示灯灭，进给保持键指示灯亮。循环启动键可以消除进给保持，使机床继续工作。在"进给保持"状态，可以对机床进行任何的手动操作。

注意：螺纹切削时，"进给保持"按钮无效。

（3）"选择停"键　此按钮有两个工作状态。当机床在自动循环操作中，"选择停"按钮被按下时，"选择停"指示灯亮，程序中有 M01（选择停）指令时，机床将停止工作，若重新继续工作，再按"循环启动"按钮，可以使"选择停"机能取消，使机床继续按规定的程序执行动作。

（4）程序段"跳步"键　此按钮有两个工作状态。当按下此键时，指示灯亮，表示"程序段跳步"机能有效，再按下此键，指示灯灭，表示取消了"程序段跳步"机能。在"程序段跳步"机能有效时，运行程序中有"/"标记的程序段不执行，也不能进入缓冲寄存器，程序执行转到跳步程序段的下一段，即无"/"标记的程序段。在"程序段跳步"机能无效时，运行程序中带有"/"标记的程序段执行。因而，程序中的所有程序段均被依次执行。

（5）"单程序段"键　此按钮有两个工作状态。当按一下此键时，指示灯亮，表示"单段"机能有效，再按一下此键，指示灯灭，表示"单段"机能取消。当"单段"机能有效时，每按一下"循环启动"按钮，机床只执行一个程序段的指令。

（6）"空运转"键　当按一下此键时，指示灯亮，表示"空运转"机能有效。此时程序中的全部 F 码都无效，机床的进给按"点动倍率"选择开关所选定的进给量（mm/min）来执行。

特别注意：空运转只是在自动状态下，快速检验运动程序的一种方法，不能用于实际的零件切削中。

（7）"机床锁住"键　此按钮有两个工作状态。当按一下此键时，指示灯亮，表示"机床锁住"机能有效，此时机床刀架不能移动，也就是机床进给不能执行，但程序的执行和显示都正常，再按一下此键，指示灯灭，表示本机能取消。

6. 对刀操作

（1）机床回零动作执行，确认原点回零指示灯亮。

（2）在 MDI 方式下使主轴转动，并选择所需要的刀具。

（3）模式选择按钮选择手轮式点动方式。

（4）试切对刀。

Z 方向：

①移动刀架靠近工件，使刀尖轻擦工件端面后沿＋X 方向退；

②按"OFFSET"按钮，进入参数设置界面；

③按"补正"软键；

④按"形状"软键；

⑤输入"Z0"至所选刀具量的 Z 值；

⑥按"测量"软键。

X 方向：

①在 MDI 方式旋转主轴；

②移动刀架靠近工件，使刀尖轻擦工件外圆后沿＋Z 方向退出；

③主轴停止转动，测量工件外径；

④按"OFFSET"按钮，进入参数设置界面；

⑤按"补正"软键；

⑥按"形状"软键；

⑦输入工件外径值"X"至所选刀具量的 X 值；

⑧按"测量"软键。

当 X、Z 方向对刀完毕时按下 PRGRM 键返回。

7. 中断恢复

数控车床在按程序自动循环加工零件过程中，可以任意暂停加工程序并将刀具退离工件，停止主轴转动，以便检查和测量被加工的零件，以及进行其他的操作。在恢复原工作状态和刀具位置后可以继续启动运行程序。

其操作方法如下：

假设机床正在运行，加工零件者执行上述过程：

(1) 按"进给保持"按钮，机床进给停止，中断运行程序；

(2) 状态开关由自动状态，改变到手动状态；

(3) 用"点动""步进"或"手摇"将刀具退离工件；

(4) 按"主轴停"按钮，主轴停止转动；

(5) 进行工件的检测及其他工作；

(6) 按主轴启动按钮，使其转向与原来一样；

(7) 用"点动""步进"或"手摇"将刀具返回到原位置；

(8) 将状态开关再改回到原状态；

(9) 按"循环启动"按钮，解除进给保持状态，中断的程序将被重新启动继续进行零件加工。

【业务经验】

一、数控车床对刀方法

数控车床的对刀方法能够确保对刀质量，继而确保零件的加工精度。目前在机械制造业的生产过程中常用的对刀方法主要有试切对刀和机外对刀仪对刀两种。FANUC系统经济型数控车床是当前应用范围较广的车床，以下将以其为例进行两种对刀方法的说明介绍。

（一）试切对刀

(1) 首先在数控车床的系统程序运行之前进行手动操作模式食物选择；

(2) 主轴在启动运行之后再进行工件外圆试切操作，操作过程中要始终保持 X 向不变，Z 向退出；

(3) 主轴暂停运行之后将工件的外径值测量出来并进行记录；

(4) 选择数控车床的 MDI 操作模式；

(5) 按下"OFFSET"按钮；

（6）找到屏幕下方的"坐标系"软键之后按下去；

（7）可以看见光标会移至"G54"；

（8）之后向系统中输入 X 及测量的直径值；

（9）再按下屏幕下方的"测量"软键；

（10）启动主轴，试切工件端面，保持 Z 向不变，X 向退出；

（11）主轴暂停后，重复以上第 4～9 步，将第 8 步中的 X 及测量值改为 Z_0。

（二）机外对刀仪对刀

（1）基准刀的刀位点对准显微镜的十字线中心；

（2）选择相对位置显示，按 X，按下屏幕下方的"起源"软键，执行该操作后会将基准刀在该点的相对位置清零；

（3）清零基准刀的刀具补偿值清零；

（4）手动操作模式下再移出刀架，然后进行换刀操作；

（5）使其刀位点对准显微镜的十字线中心；

（6）选择机床的 MDI 操作模式；

（7）设置刀具补偿值，具体操作是按下"OFFSET"按钮，按下屏幕下方的"补正"软键，选择"形状"，在相对应的刀补号上输入 X、Z；

（8）移出刀架，执行自动换刀指令即可。

二、数控加工中心对刀方法

1. 回零（返回机床原点）

对刀之前，一定要进行回零（返回机床原点）的操作，以便于清除掉上次操作的坐标数据。注意 X、Y、Z 三坐标轴都需要回零（图 3-114）。

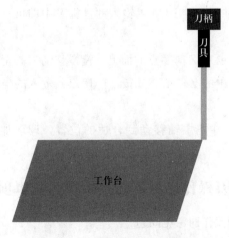

图 3-114 机床"回零"示意图

2. 主轴正转

用"MDI"模式，通过输入指令代码使主轴正转，并保持中等旋转速度。然后换成"手轮"模式，通过转换调节速率进行机床移动的操作（图3-115）。

图 3-115 主轴正转示意图

3. X 向对刀

用刀具在工件的右边轻轻地碰下，将机床的相对坐标清零；将刀具沿 Z 向提起，再将刀具移动到工件的左边，沿 Z 向下到之前的同一高度，移动刀具与工件轻轻接触，将刀具提起，记下机床相对坐标的 X 值，将刀具移动到相对坐标 X 的一半上，记下机床的绝对坐标的 X 值、并按（INPUT）输入的坐标系中即可（图3-116）。

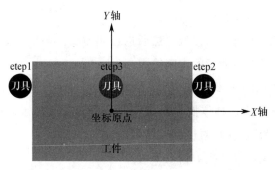

图 3-116 X 轴对刀示意图

4. Y 向对刀

用刀具在工件的前面轻轻地碰下，将机床的相对坐标清零；将刀具沿 Z 向提起，再将刀具移动到工件的后面，沿 Z 向下到之前的同一高度，移动刀具与工件轻轻接触，将刀具提起，记下机床相对坐标的 Y 值，将刀具移动到相对坐标 Y 的一半上，记下机床的绝对坐标的 Y 值、并按（INPUT）输入的坐标系中即可（图3-117）。

5. Z 向对刀

将刀具移动到工件上要对 Z 向零点的面上，慢慢移动刀具至与工件上表面轻轻接触，记下此时的机床的坐标系中的 Z 向值，并按（INPUT）输入的坐标系中即可（图3-118）。

6. 主轴停转

先将主轴停止转动，并把主轴移动到合适的位置，调取加工程序，准备正式加工（图3-119）。

三、数控车床对刀操作常见问题及操作注意事项

（一）数控车床对刀操作时常见问题

（1）加工坐标系出现混乱造成刀架撞到工件或卡盘上。① 数控车床系统的程序进行第一次运行时没有出现差错，当同样的程序进行第二次运行后就出现了撞刀等加工坐标

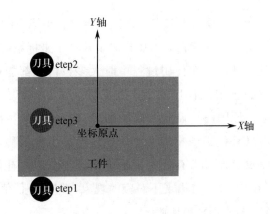

图 3-117　Y 轴对刀示意图

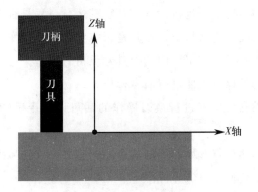

图 3-118　Z 轴对刀示意图

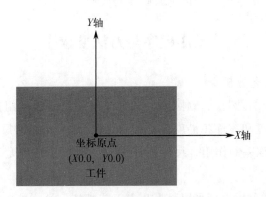

图 3-119　主轴停转示意图

系混乱的状况。主要原因是程序在进行结尾操作时使用取消刀具补偿的 T0000 指令，T0000 指令使用后会在基准坐标系的 X、Z 坐标也增加或减少一个刀具补偿值，这种情况就会使得撞刀等加工坐标系混乱现象出现，不利于数控车床的正常运转。②数控车床系统的程序在没有开始运行时出现的加工坐标系乱的情况主要原因是程序运行开始的时候首先就是选择了建立坐标系的 G50 X××Z×× 指令。程序没有运行开始之前选

择 G50 X××Z×× 指令会使数控机床完全按照指令进行坐标系的中心建立，刀具也会重新选择坐标系进行运动，这样就在对刀操作时出现加工坐标系混乱的现象。

（2）刀具补偿值乱。基准刀在使用过程中时大多数情况都能正常运行，坐标值也不会出现差错，但是进行换刀操作后就会出现工件无法切削工件、基准刀撞到工件、刀架和主轴损坏的现象。原因一是没有将原始的刀具补偿值清零操作就贸然进行了刀具补偿的对刀操作，刀具补偿出现累加情况，导致刀具出现偏移，刀具补偿值也出现较大的误差；原因二是没有设置刀补值的情况下就进行了刀具补偿的对刀操作，新设置的刀具与基准刀之间的刀补号也出现不对应的现象，刀具补偿值会出现较大的误差。

（二）数控车床对刀操作时注意事项

（1）首先就是要对数控机床的型号以及机械结构进行细致的了解，熟悉其运行方式。

（2）对数控机床的运行状态进行检查，观察其运行过程是否正常。

（3）对工件与刀具装夹进行检查，看其是否牢靠，保证操作安全。

（4）检查程序中刀号是否与机床内的刀具号保持一致。

（5）刀具补偿的对刀操作需要进行清零操作。

（6）刀具补偿值没有设置好进行换刀操作的话可以采用手动换刀的方式，这样可以避免出现错误。

（7）数控车床在程序运行开始前不能选择 G50 X×× Z××指令。

（8）程序结尾处不要使用 T0000 指令。

（9）选好对刀方法，并进行对刀后的验证。

（10）G28 X0 Z0 指令可以进行机床回零的操作。

【工作程序与方法要求】

步骤 1. 零件图工艺分析

该零件表面由圆柱、圆锥、顺圆弧、逆圆弧及螺纹等表面组成。其中多个直径尺寸有较严格的尺寸精度和表面粗糙度等要求；球面 Sϕ50 mm 的尺寸公差还兼有控制该球面形状（线轮廓）误差的作用。尺寸标注完整，轮廓描述清楚。零件材料为 45 钢，无热处理和硬度要求。

步骤 2. 通过上述分析，可采用以下几点工艺措施

（1）对图样上给定的几个精度要求较高的尺寸，因其公差数值较小，故编程时不必取平均值，而全部取其基本尺寸即可。

（2）在轮廓曲线上，有三处为圆弧，其中两处为既过象限又改变进给方向的轮廓曲线，因此在加工时应进行机械间隙补偿，以保证轮廓曲线的准确性。

（3）毛坯选 ϕ60 mm 棒料。为便于装夹，坯件左端应预先车出夹持部分（双点划线部分），右端面也应先粗车并钻好中心孔。

步骤 3. 选择设备

根据被加工零件的外形和材料等条件，选用 CAK6136 数控车床。

步骤 4. 确定零件的定位基准和装夹方式

（1）定位基准　确定坯料轴线和左端大端面（设计基准）为定位基准。

（2）装夹方法　左端采用三爪自定心卡盘定心夹紧，右端采用活动顶尖支撑的装夹方式。

步骤 5. 确定加工顺序及进给路线

加工顺序按由粗到精、由近到远的原则确定。即先从右到左进行粗车（留 0.25 mm 车余量），然后从右到左进行精车，最后车削螺纹。

CAK6136 数控车床具有粗车循环和车螺纹循环功能，只要正确使用编程指令，机床数控系统就会自动确定其进给路线，因此，该零件的粗车循环和车螺纹循环不需要人为确定其进给路线（但精车的进给路线需要人为确定，即从右到左沿零件表面轮廓精车进给，如图 3-120 所示）。

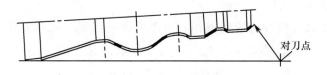

对刀点

图 3-120　精车轮廓进给路线

步骤 6. 刀具选择

（1）选用 ϕ5mm 中心钻钻削中心孔。

（2）粗车及平端面选用 90°硬质合金右偏刀，为防止副后刀面与工件轮廓干涉（可用作图法检验），副偏角不宜太小，选 $k'_r = 35°$。

（3）精车选用 90°硬质合金右偏刀，车螺纹选用硬质合金 60°外螺纹车刀，刀尖圆弧半径应小于轮廓最小圆角半径，取 $r_\varepsilon = 0.15 \sim 0.2$ mm。

将所选定的刀具参数填入数控加工刀具卡片中（表 3-23），以便编程和操作管理。

表 3-23　数控加工刀具卡片

序号	刀具号	刀具规格名称	数量	加工表面	备注
1		ϕ5 mm 中心钻	1	钻 ϕ5 mm 中心孔	
2	T01	硬质合金 90°外圆车刀	1	车端面及粗车轮廓	右偏刀
3	T02	硬质合金 90°外圆车刀	1	精车轮廓	右偏刀
4	T03	切刀	1	切槽和切断	刀宽 4 mm
5	T04	硬质合金 60°外螺纹车刀	1	车螺纹	

步骤 7. 切削用量选择

（1）背吃刀量的选择轮廓粗车循环时选 $a_p = 2$ mm，精车 $a_p = 0.25$ mm；螺纹粗车时选 $a_p = 0.4$ mm，逐刀减少，精车 $a_p = 0.075$ mm。

（2）主轴转速的选择车直线和圆弧时，粗车切削速度 Vc = 90 m/min，精车切削速度 Vc = 120 m/min，然后利用公式（Vc = $\pi dn/400$）计算主轴转速 n（粗车直径 D = 60 mm，精车工件直径取平均值），得粗车 500 r/min、精车 1 200 r/min。车螺纹时，计算主轴转速由公式（$n \leqslant 1\,200/P\text{-}k$）得 $n = 720$ r/min。

（3）进给速度的选择根据加工的实际情况确定粗车每转进给量为 0.3 mm/r，精车每转进给量为 0.1 mm/r，最后根据公式 vf = nf 计算粗车、精车进给速度分别为 150 mm/min 和 120 mm/min。

将前面分析的各项内容填入数控加工工艺卡片。此表主要内容包括：工步顺序、工步内容、各工步所用的刀具及切削用量等。是编制加工程序的主要依据，同时也是操作人员进行数控加工的指导性文件。

步骤 8. 连接点的获得

通过 CAD 等画图软件计算机画图，可以获得连接点，从右向左依次为：第一点 R25 与 Sφ50 的连接点坐标为 X40.0，Z~69.0；第二点 Sφ50 与 R15 的连接点坐标为 X40.0，Z~99.0；锥度为 30º 的终点坐标为 X50.0，Z~154.0。

步骤 9. 编写加工程序

加工程序，如表 3-24 所示。

表 3-24　加工程序

程　　序	程　　序
G99　G97　T0101;	G00　X32.0　Z~25.0;
M03　S500　F0.3;	G01　X26.05　F0.08;
G00　X61.0　Z1.0;	G00　X32.0;
G73　U14.0　R8;	G01　W3.0　F0.2;
G73　P10　Q11　U0.5;	X30.0;
N10　G00　X0;	X26.0　W~2.0;
G01　Z0;	W~3.0
X30.0　C2.0;	G00　X32.0;
Z~20;	X130.0　Z0;
X26　Z~25.0;	T0404;
X36.0　W~10.0;	M03　S720;
W~10.0;	G00　X31.0　Z2.0;
G02　X30.0　Z~54.0　R15.0;	G92　X29.2　Z~23.0　F1.5;
G02　X40.0　Z~69.0　R25.0;	X28.6;
G03　Z~99.0　R25.0;	X28.2;
G02　X34.0　Z~108.0　R15.0;	X28.1;
G01　W~5.0;	X28.05;
X50.0，Z~154.0;	G00X130.0　Z0;

续表 3-24

程　序	程　序
N11　Z～170.0；	T0303；
G00　X130.0　Z0；	M03　S400；
T0202；	G00　X58.0　Z～169.0；
M03　S1200　F0.1；	G01　X2.0　F0.08；
G00　X61.0　Z1.0；	G00　X58.0；
G70　P10　Q11；	G00　X130.0　Z0；
G00X130.0　Z0；	G28　U0　W0；
T0303；	M05；
M03　S400；	M30；

【工作任务实施记录与评价】

一、制订 "机具零件数控机床加工" 工作计划

师傅指导记录	制订工作计划质量评价	评价成绩
		年　月　日

二、制造工艺流程记录

师傅指导记录	加工制造工艺流程评价	评价成绩
		年　月　日

三、工作过程学习记录

加工零件名称	安全教育内容	领取毛坯材料	领取毛坯尺寸	加工技术要求	技术员复核签字
加工准确性及效率评价				评价成绩	
				时　间	

四、学徒职业品质、工匠精神评价

项目	A	B	C	D
工作态度				
吃苦耐劳				
团队协作				
沟通交流				
学习钻研				
认真负责				
诚实守信				

五、学徒对工作过程的总结和反思

_____

_____

_____

_____

_____

_____

_____

_____

_____

_____

_____

_____

附录1

农业机械制造学徒岗位标准

试点专业名称	农业装备应用技术专业
学徒岗位名称	农业机械制造制造学徒岗位
学徒岗位描述	岗位工作应具有大专及以上文化程度，应了解农机制造车间的全部生产过程，在农机制造岗位上应具有对金属板材的切割任务、金属材料的焊接任务、普通机床金属表面加工任务、数控机床加工任的相关专业知识学习能力和对日常生产问题处理的能力，还需具备在生产工作中与相关人员良好沟通能力、技术措施落实管理执行力、忍耐艰苦生产环境吃苦耐劳精神和一丝不苟的质量管理态度。
现代化生产技术设备、经营资质、企业文化与质量管理、企业师傅要求	岗位现代化生产技术设备水平： 生产技术设备：1. 金属显微镜、计算机等；2. 数控火焰切割机、数控激光切割机等；3. 二氧化碳保护焊机、普通手工焊机、氩弧焊机等；4. 普通车床、普通铣床等；5. 数控车床、数控铣床、数控落料机床等。 企业规模资质： 在新疆地区的现代化大型农机装备制造龙头企业，或上市农机制造企业，年生产总值在10亿元以上，具有农机产品的研发能力。企业在农机制造岗上应有：数控切割，焊接，普通车床加工，数控加工，农机装配等工种的学生实习的工作条件，同时能满足50～80名学生实习的要求，学生在各工种之间能全部轮岗实践操作学习。 企业文化与质量管理： 企业应具有把公司建设成为中国专业、杰出、竞争力强的大型农机装备制造企业的目标。企业文化应秉承"创新务实、品质至上、精诚合作、追求卓越"的核心价值观，不断创新，以创新驱动发展助力新经济前行，用自身的行动承担责任，服务社会。 企业科技与人员水平： 企业应拥有自主品牌农机产品20种以上，科研和农机制造技术人员实践能力强，具备本科以上学历或取得相关岗位职业技能资格，农机制造工作5年以上，担任农机制造技术员工作的技术人员不少于25人，并有带徒指导的时间。
工作场所与使用工具	工作场所：主要在新疆地区具有龙头地位的现代化大型农机装备制造企业或上市农机制造企业内的农机制造车间进行。 使用工具：1. 金属显微镜、计算机等；2. 数控火焰切割机、数控激光切割机等设备；3. 二氧化碳保护焊机、普通手工焊机、氩弧焊机等；4. 普通车床、普通铣床等；5. 数控车床、数控铣床、数控落料机床等。

续表

安全生产规章制度要求	企业安全生产制度要求： 1. 上班必须按规定穿好工作服和劳保鞋，佩戴安全帽和防护镜。以防有铁屑溅到，避免不必要的伤害。严禁违规作业、违章指挥、盲目蛮干，造成不必要的损失。 2. 工作空闲期间不乱串岗位，不闲谈，不玩手机，以防发生事故或埋下事故隐患。 3. 上班要精神饱满，严禁睡岗和打瞌睡，下级要服从上级，服从安排，听从调动。 4. 切实做好交接班工作，做好详细交接记录。当班时应做好生产详细记录，接班人不到不允许离岗，应做好交接工作才能下班。 5. 各部门对本部门所有设备的维护、保养、使用、管理负责。 6. 设备使用人员达到会操作，清楚日常保养知识和安全操作知识，熟悉设备性能的程度后，才可以上岗操作。 7. 发生设备事故，部门负责人要到现场察看处理，及时组织抢修。发生事故的操作者及当事人必将事故时间、原因、设备损坏程度、影响程度等作记录并报本部门负责人。 8. 设备发生故障，操作工和相关人员能排除的应立即排除，并在当班记录中详细记录。
行业企业职业行为规范	职业守则：爱岗敬业、掌握技能、精益求精、保证质量、诚实守信、立足本职、服务企业。 行为规范：着装企业统一服装、衣着朴实；培训交流言语实在、言行一致；遵守企业规章制度，保护企业利益，不受贿赂，不侵占群众利益。 安全生产规范：遵守企业生产安全、出行安全、食宿安全的有关规定。
要求从业职业资格	农机维修工、车工、电焊工、数控车工等高级职业资格证证书。
基本专业知识要求	专业知识：掌握机械识图、机械原理、金属材料、金属切削原理、金属切割原理、手工电弧焊接、二氧化碳气体保护焊、氩弧焊、机器人焊接、数控火焰切割、数控激光切割、数控机床等理论知识。 安全知识：1. 安全使用激光切割机、电焊机操作知识。2. 安全用电知识。3. 安全使用普通车床、数控机床操作知识。4. 安全使用砂轮机等操作知识。 企业经营管理知识：1. 企业组织机构与管理流程。2. 企业财务管理知识。3. 企业文化。4. 企业人力资源管理与员工职业生涯规划。

学徒岗位工作任务（或项目）	工作过程与技术、质量要求	专业知识要求	技术技能及综合职业能力要求
农机具金属板材的加工	负责根据生产图纸要求，选择材料，正确操作设备切割完成合格产品。对需要进行理化试验的原材料，保管员与检验员到现场取样，做好合格材料验收记录并填写验收单、登账，把检验合格物资入库，按照规定码放。	掌握数控火焰切割机、数控激光切割机、数控落料机等生产设备的基本工作原理。具备产品质量检验、产品质量标准、计量标准及统计的基本知识。	能熟练操作数控火焰切割机、数控激光切割机、数控落料机等生产设备，并达到高级工水平。 能熟练操作检测仪器、设备，能严格执行物资入库检查验收制度，负责物资入库的验收工作，对到库的材料进行外观质量、数量验收及接卸。负责清点入场物资数量，保证入库物资的质量及数量。并负责组织生产物资识别与验收、库存管理、正确发放，能对原材料、半成品、产成品、工序检验工作。

续表

学徒岗位工作任务（或项目）	工作过程与技术、质量要求	专业知识要求	技术技能及综合职业能力要求
农机具焊接技术技巧及工艺方法	负责按焊接装配图的要求，对零部件进行组焊，并保证焊接质量，焊后清渣。负责根据具体的情况和要求，对车上部分和其他特殊地方焊接、补焊，保证焊接质量，焊后清渣。负责填写产品生产记录，负责做好交接班记录。	熟悉焊接、设备维护及维修知识。	具备焊接操作技能。并熟悉自用设备的基本情况及维护保养方法，负责设备的日常维护、维修，并填写相关记录、配合集团、本单位开展的设备维护、检修工作，配合其他工种工作人员交叉作业，进行维修焊接。
农机具零件普通机床加工	根据安排，做好领料、图纸领用等工作，准备作业专用的车刀、量具等 根据安排，做好设备运转的检查工作，负责按照图纸要求划线，负责按图纸要求进行切削，负责填写产品生产记录，按要求操作机床，完成工件的加工任务，使加工后工件符合工艺或技术标准要求，在生产过程中做好"首件检验"，坚持"三检制"和"三对照"，保管好图纸、工艺资料。负责收集行业内新材料、新技术应用、新生产工艺等信息。定期、准确地向技术开发主管提供生产工艺信息，为公司的经营决策提供信息支持，参与新产品开发项目可行性研究，分析新产品生产工艺实现的可行性，协助技术开发主管组织新产品开发项目的试制、小批量生产，协助技术开发主管准备研发项目评审的资料。	熟悉本专业知识，熟悉设备操作知识、安全生产知识。掌握机械、机电等专业知识，具有工艺设计知识，能够熟练使用各种办公室软件和相应的计算机辅助设计软件 具备基本的网络知识。	负责设计产品生产的工序安排、工艺装配、工艺标准，编制产品生产工艺手册，提出对生产工艺流程改进的建议，负责保管生产工艺设计等相关技术档案，并负责考察供应商的工艺水平，提供评估意见，负责向供应商提供生产工艺方面的培训，向供应商提供相应的技术支持，解决生产中出现的技术问题，协助解决产品售后服务中的质量问题。

续表

学徒岗位工作任务（或项目）	工作过程与技术、质量要求	专业知识要求	技术技能及综合职业能力要求
农机具零件数控机床加工	根据加工零件图纸进行数控加工工艺分析，确定数控加工工艺方案，制定数控工艺文件。能够根据零件图纸技术要求和工期要求，结合企业设备及工人技术水平进行合理加工工艺设计，制定工艺文件。包括：毛坯、机床、刀具、夹具的选择；切削参数和基准的确定；热处理工序的安排。	通过对数控加工的特点，机床的选择，刀具加工路线的确定，数控程序的编制，最终形成可以指导生产的工艺文件。熟知数控机床的工作原理、构造、机械结构、电气控制和控制系统参数设置；熟知常用数控机床和2~3种数控系统的常见故障的诊断；根据零件图纸和工艺文件要求，利用已编制好加工程序，熟练操作数控机床进行合格零件的生产加工。能读懂零件图上的公差配合与表面粗糙度意义。	能熟悉常用加工设备工艺范围、特点、加工的经济精度。能在现场指导一线生产技术工人进行工艺文件的实施。能解决现场常见工艺问题。合理选择刀具、工装和加工参数；能够分析解决加工现场遇到的常见工艺问题；并对数控机床出现的常见故障能熟练，及时地诊断与排除，并建立维修记录。熟练排除常见数控机床的故障。能按照生产规章，对数控机床进行日常维护。
职业品质与工匠精神，业内典型案例	职业品质：精益求精的品质与能力，培育学生在职业行动中能够做到耐心、细致、专注、持之以恒，能够严格执行企业的操作规范与生产标准，培育执着敬业的职业精神。 典型案例：著名农机专家、中国工程院院士陈学庚，从中专生到院士。		
职业生涯发展规划	职业资格发展：高级工、技师、高级技师； 专业技术职务发展：农机制造工、技术员、工程师； 企业管理职务发展：公司农机制造技术员、生产车间主任、生产部经理、副总经理、总经理等。		

附录2

农业机械制造学徒
岗位课程标准

试点专业名称	农业装备应用技术专业		
学徒岗位课程名称	农业机械制造学徒岗位课程教材		
学徒岗位课程描述	学生以学徒准技术员身份，在通过认证的企业师傅培训指导下，在企业要求学生掌握识别机械加工材料的基本性能、数控切割、金属焊接、机械加工的方法、刀具的刃磨、机械加工工艺的编写、数控加工等学徒岗位工作任务并完成学徒培养和岗位工作学习产出。	学徒工作学习周数	20周
课程教学目标与学习产出	职业素质目标： 具有正确的世界观、人生观、价值观和明辨是非能力；忠于职守、诚实守信、吃苦耐劳的职业道德；达到积极向上的乐观心态和较强的适应能力。学徒企业和企业师傅对学徒学生职业守则行为规范、职业品质素养、工匠精神等日常表现认为达到企业员工要求，评价达到良好。 专业知识目标： 通过学徒岗位培养能够熟练运用掌握机械识图、机械原理、金属材料、金属切削原理、金属切割原理、手工电弧焊接、二氧化碳气体保护焊、氩弧焊、机器人焊接、数控火焰切割、数控激光切割、数控机床等理论专业知识完成农机制造岗位业务工作。 职业能力目标： 能够独立制订农机制造工作任务方案；能够掌握对金属材料的识别；电焊的中、高级技能；车工、铣工、刨工的中、高级技能；车刀刃磨的中、高级技能；数控切割加工的中、高级技能；独立分析解决生产中出现的日常问题。		

续表

学徒岗位认证条件	学徒岗位技术、设备、规模资质，质量管理等保障条件	企业岗位现代化生产技术设备水平： 企业各岗位的生产技术设备：1.金属显微镜、计算机等；2.数控火焰切割机、数控激光切割机等；3.二氧化碳保护焊机、普通手工焊机、氩弧焊机等；4.普通车床、普通铣床、各种量具、各种刀具等；5.数控车床、数控铣床、数控落料机床等，可以满足金属切割、焊接、普通车加工、数控车加工等工作任务的学徒制学生岗位实习要求。 企业规模资质： 在新疆地区的现代化大型农机装备制造龙头企业，或上市农机制造企业，年生产总值在10亿元以上，具有农机产品的研发能力。企业在农机制造岗上应有：数控切割，焊接，普通车床加工，数控加工，农机装配等工种的学生实习的工作条件，同时能满足50～80名学生实习的要求，学生在各工种之间能全部轮岗实践操作学习。 企业文化与质量管理： 企业应具有把公司建设成为中国专业、杰出、竞争力强的大型农机装备制造企业的目标。企业文化应秉承"创新务实、品质至上、精诚合作、追求卓越"的核心价值观，不断创新，以创新驱动发展助力新经济前行，用自身的行动承担责任，服务社会。 企业科技与人员水平： 企业应拥有自主品牌农机产品20种以上，科研和农机制造技术人员实践能力强，具备本科及以上学历或取得相关岗位职业技能资格，农机制造工作5年以上，担任农机制造技术员工作的技术人员不少于25人，并有带徒指导的时间。
	学徒岗位课程实施工作场所与使用工具	工作场所：主要在新疆地区具有龙头地位的现代化大型农机装备制造企业或上市农机制造企业内的农机制造车间进行。 使用工具：1.金属显微镜、计算机等；2.数控火焰切割机、数控激光切割机等设备；3.二氧化碳保护焊机、普通手工焊机、氩弧焊机等；4.普通车床、普通铣床等；5.数控车床、数控铣床、数控落料机床等。
	学徒岗位课程实施岗位职业安全与规章制度	企业安全生产制度要求： 1.上班必须按规定穿好工作服和劳保鞋，佩戴安全帽和防护镜。以防有铁屑溅到，避免不必要的伤害。严禁违规作业，违章指挥，盲目蛮干，造成不必要的损失。 2.工作空闲期间不乱串岗位，不闲谈，不玩手机，以防发生事故或埋下事故隐患。 3.上班要精神饱满，严禁睡岗和打瞌睡，下级要服从上级，服从安排，听从调动。 4.切实做好交接班工作，做好详细交接记录。当班时应做好生产详细记录，接班人不到不允许离岗，应做好交接工作才能下班。5.各部门对本部门所有设备的维护、保养、使用、管理负责。6.设备使用人员达到会操作，清楚日常保养知识和安全操作知识，熟悉设备性能的程度后，才可以上岗操作。7.发生设备事故，部门负责人要到现场察看处理，及时组织抢修。发生事故的操作者及当事人必须将事故时间、原因、设备损坏程度、影响程度等作记录并报本部门负责人。8.设备发生故障，操作工和相关人员能排除的应立即排除，并在当班记录中详细记录。
	行业企业工作学习职业行为规范	职业守则：爱岗敬业，掌握技能，精益求精；保证质量，诚实守信；立足本职，服务企业。 行为规范：着装企业统一服装、衣着朴实；培训交流言语实在、言行一致；遵守企业规章制度，保护企业利益，不受贿赂，不侵占群众利益。 安全生产规范：遵守企业生产安全、出行安全、食宿安全的有关规定。

续表

企业师傅认证 与配置要求	企业师傅认证条件： 1. 本科及以上学历、中级职称、班组长； 2. 独立开展农机制造工作5年以上； 3. 具有培训、兼职教学经历。 企业师傅配置要求： 1. 企业师傅需经专业学徒制委员会按"专业学徒师傅标准"认证； 2. 企业师傅与学生按1：1或1：2的比例配置。			
可考取的职业 资格证书、行 业或企业证书	高级焊工、高级农机维修工、高级车工			
学徒岗位课程 培训与工作任 务（或项目）	工作学习内容	培训、工作学习组织	学习产出目标	工作学习 时间（周）
企业岗前培训	企业文化管理、企业财务管理、人力资源管理、技术业务培训等。	1. 由企业各部门主管按照新员工进行轮训。 2. 在企业师傅指导下制订学徒期间的工作计划、学习计划和专题研修计划。	1. 了解企业管理结构、发展环境； 2. 了解企业对技术员的业务和行为规范要求，自身职业生涯发展； 3. 了解企业技术、产品市场、财务流程等； 4. 制订学徒制期间的工作计划、学习计划和专题研修计划	1
农机具金属板材的加工	负责根据生产图纸要求，对常用金属材料的认识，选择材料，正确操作设备切割完成合格产品。	通过师傅的讲解、实验，学生的小组练习组织学习。	能熟练操作数控火焰切割机、数控激光切割机、数控落料机等生产设备，并达到高级工水平。	3
农机具焊接技术技巧及工艺方法	在企业岗位中对常用金属材料强度、硬度、韧性的学习认识，掌握常用钢材焊接的方法与技能。	通过师傅的讲解、操作实验，学生小组练习，学生个人练习。	学生能够正确操作手工电弧焊，能完成常用钢材平焊的方法。	5
农机具零件普通机床加工	在企业车加工岗位中，掌握对常用金属材料与有色金属等切削用量与切削速度等的认识，掌握对金属加工工艺的认识，掌握对常用金属材料的外圆面、内圆面、平面、螺纹面的加工。	通过师傅的讲解、操作实验，学生小组练习，学生个人练习完成。	学生能够正确表述各种常用钢材及有色金属的切削用量与切削速度。 学生能够正确用车床加工常用钢材的外圆面、内圆面、平面、螺纹面。	5

续表

学徒岗位课程培训与工作任务（或项目）	工作学习内容	培训、工作学习组织	学习产出目标	工作学习时间（周）
农机具零件数控机床加工	在企业工作岗位中，掌握对数控车床的编程与加工达到合格质量的技能。	通过师傅的讲解、操作实验，学生小组练习，学生个人练习完成。	学生能够正确用数控车床完成农机上的轴类零件的加工并达到合格质量的过程。	4
学徒培养总结	企业师傅指导学徒系统总结学徒期间三项计划的完成情况，形成学徒总结。专题研修报告具有一定的技术含量。	总结、指导、审阅修改总结报告和研修报告。	1. 学徒培养总结报告。 2. 学徒岗位工作总结报告。 3. 学徒培养学习成果报告。 4. 专题研修技术报告或论文。	1～2
职业品质与工匠精神培养	学徒按照准员工身份，在企业师傅言传身教，人格潜移默化影响下，在通过企业管理、农机制造生产组织、绩效考核、调查研究、分析总结，不断磨炼学生职业品质和素养，规范职业行为，逐步形成工匠精神，培养出良好的职业素养。			
工作学习资源	企业各工种岗位的图纸、机械设备的说明书、操作手册等。			

学徒学业考核评价方案	按照学院学徒制试点改革方案，学徒学业评价给予企业学徒岗位工作情景，充分体现社会化学习成果和岗位工作成果，注重关键职业能力和技术技能掌握运用。 学徒学业考核由三个部分组成：

企业岗位考核（20%）	企业师傅观察性考核（50%）	学徒量化学习产出目标考核（30%）		
按企业员工同等要求的月考核结果。	企业师傅在以师带徒的过程中对学徒的态度、行为规范、职业品质、工匠精神和专业知识掌握应用观察性考核。	学徒岗位完成工作任务量化技术技能操作运用能力考核		
		序号	技术技能名称	评价结果

月份	考核结果	项目	评价结果
		工作态度	
		行为规范	
		职业品质	
		工匠精神	
		专业知识掌握应用能力	
	合计	合计	合计

总评成绩

附录3

学徒师傅基本信息

姓名		性别		出生年月		
职务		技术职称			工作年限	
联系电话		E-mail				
单位地址		省（自治区、直辖市）　　县（市）				
从事岗位						
主要学习工作简历						
备注						

参 考 文 献

[1] 陈明．机械制造工艺学［M］．北京：机械工业出版社，2019

[2] 王启平．机械制造工艺学［M］．哈尔滨工业大学出版社，1999．

[3] 王先逵．机械制造工艺学．第 3 版［M］．机械工业出版社，2013．

[4] 孟少农．机械加工工艺手册．第 1 卷［M］．机械工业出版社，1991．

[5] 马保吉，宁生科，李蔚，等．机械制造基础工程训练（第二版）［M］．西北工业大学出版社，2006．

[6] 朱晓春．数控技术（第 2 版）［M］．机械工业出版社，2006．

[7] 林江．工程材料及机械制造基础［M］．机械工业出版社，2013．

[8] 卢秉恒．机械制造技术基础．第 4 版［M］．机械工业出版社，2018．

[9] 周根然．工程材料与机械制造基础［M］．航空工业出版社，1997．

[10] 孙学强．机械制造基础（第 3 版）．机械工业出版社，2020．